"十二五"职业教育国家规划教材
经全国职业教育教材审定委员会审定

高等职业院校专业核心课程新模式系列教材
金志涛◎总主编

主体教材

公差配合与机械测量

GONGCHA PEIHE YU JIXIE CELIANG

董先智 于延军◎主 编
王仁波 隋晓朋 于春玲◎副主编
管劲浩 周晓峰 梁克华◎参 编
张瑞珊 毕 莉 孙爱春
付振山

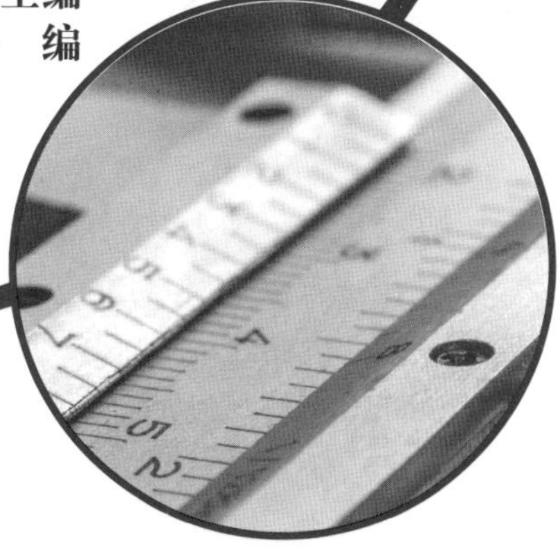

教育科学出版社
·北 京·

出 版 人　所广一
责任编辑　胡　嫄
版式设计　北京八度出版服务机构　杨玲玲
责任校对　贾静芳
责任印制　叶小峰

图书在版编目（CIP）数据

公差配合与机械测量 / 董先智，于延军主编. — 北京：教育科学出版社，2015.12（2023.2重印）
“十二五”职业教育国家规划教材　高等职业院校专业核心课程新模式系列教材
ISBN 978-7-5041-9364-3

Ⅰ. ①公…　Ⅱ. ①董…　②于…　Ⅲ. ①公差-配合-高等职业教育-教材　②机械元件-技术测量-高等职业教育-教材　Ⅳ. ①TG801

中国版本图书馆CIP数据核字（2015）第016954号

“十二五”职业教育国家规划教材　高等职业院校专业核心课程新模式系列教材
公差配合与机械测量
GONGCHA PEIHE YU JIXIE CELIANG

出版发行	教育科学出版社		
社　　址	北京·朝阳区安慧北里安园甲9号	市场部电话	010-64989009
邮　　编	100101	编辑部电话	010-64989443
传　　真	010-64891796	网　　址	http://www.esph.com.cn
经　　销	各地新华书店		
制　　作	北京八度出版服务机构		
印　　刷	北京联合互通彩色印刷有限公司		
开　　本	787毫米×1092毫米　1/16	版　　次	2015年12月第1版
印　　张	11	印　　次	2023年 2 月第3次印刷
字　　数	168千	定　　价	35.00元

机械制造与自动化
专业核心课程教材编审委员会

总　序

为适应高等职业院校人才培养模式和教学模式改革的需要，按照教育部近年来一系列文件精神的要求以及国家示范性（骨干）高等职业院校专业建设的思路，我们在总结实践经验的基础上，对高等职业院校的教材建设进行了积极的研究和探索，认真吸取和借鉴了国外职业教育教材的成功做法，联合一批教育教学理念先进、专业和课程改革成效突出的高等职业院校，经过七年多的努力，在教材的开发和创新上取得了一些积极的进展和一定成效。我们所做的“高职立体化教材建设研究与实践”项目，荣获 2014 年山东省职业教育教学成果一等奖、2014 年职业教育国家级教学成果二等奖。根据目前教材研究和开发的成果，我们计划推出一套《高等职业院校专业核心课程新模式系列教材》。

该系列教材是国家示范性（骨干）高等职业院校项目建设成果的展示。国家示范性（骨干）高等职业院校项目实施以来，各示范性（骨干）院校以专业建设为核心，在重点加强课程和教学内容改革、双师素质和双师结构教学团队建设、实验实训条件建设等方面取得了突破性进展，尤其是在工学结合的人才培养模式、注重高职特色的专业建设、行动导向和基于工作体系的课程体系构建和教学内容改革等方面进行了大胆创新，形成了一批阶段性重要成果。这些成果需要及时总结、转化和推广，以发挥国家示范性（骨干）高等职业院校的引领和辐射作用。加强教材建设无疑是总结、固化和应用这些成果的有效途径。

当前，部分高等职业院校高职教育人才培养目标尚不十分清晰，在某种程度上仍沿用了普通本科院校学科体系的教学模式，其中高职教材建设观念陈旧、内容老化，很多高职教材基本上是普通本科教材的“压缩饼干”。高职教材建设严重滞后的状况已经严重影响着高职教育人才的培养。因此，高职教育教学观念和理念的更新、教育教学的改革必须从专业建设、课程建设和教材建设抓起。可见，高等职业院校专业核心课程新模式教材的探索与建设是事关高职人才培养至关重要的一件大事。所以，以教材建设为突破口，也是推动高等职业院校教学模式实现根本性转变的重要途径。

国家示范性（骨干）高等职业院校在项目建设过程中，大都注重学习德国、加拿大、澳大利亚、新加坡、韩国等发达国家的先进职业教育理念，尤其是学习与借鉴了德国基于工作过程的课程建设理念，开发了一批理念比较先进、行动导向或基于工作过程的优质专业核心课程，其中一批优质课程已建成了国家级、省级精品课程，同时还编写了一大批项目导向、任务驱动、工学交替等具有工学结合特色的校内讲义。所有这些都为《高等职业院校专业核心课程新模式系列教材》的开发奠定了基础。依托这些已经取得的建设成果，进行工学结合新模式教材开发具有现实可行性。

为此，我们按照教材建设的规律，坚持理念先进和质量优先的原则，在研究探索的基础上试编试用了一批工学结合新模式教材。教材的开发必须通过探索、建设、试用、修订、推广等过程，要经过一个或几个人才培养周期才能逐步定型、成熟。因此，首期工程推出的该系列教材拟选定 10 个左右专业，每个专业确定 5～6 门核心课程，共建设 50～60 套教材，然后再根据该系列教材的建设情况确定后续的建设工程。

首批纳入教材编写计划的 10 个左右专业，拟在参与教材编写的国家示范性（骨干）高等职业院校的重点建设专业或专业群中遴选。可以参考的专业大类是：机械制造类、机电一体化类、电子信息类、汽车维修类、建筑工程类、经济管理类等。这些专业必须经过充分的行业企业调研、职业岗位分析，已经完成课程体系的构建，体现职业核心能力培养的专业核心课程建设达到了先进水平。

对该系列教材的建设，我们力求按照职业能力培养的要求，创新工学结合的人才培养模式，基于行动导向或工作过程导向，立足于课程体系的重构和课程内容的重组，彻底摆脱以往学科体系和以单纯知识传授为主的教学内容设计，并改革以教师为中心、以课堂为中心的传统教学模式，大力推行行动导向的工学结合教学组织与实施模式。在该系列教材的编写中，我们力求达到以下具体要求。

第一，必须采用工学结合的新模式编写。根据不同专业、不同课程的特点，可以探讨教材的多种表现形式，比如基于工作过程的学习领域课程、项目导向课程、任务驱动课程、案例引导课程，等等。按照传统学科体系或“三段式”教学模式编写的教材不再列入该教材项目。

第二，在对岗位或岗位群进行充分调研的基础上，邀请行业企业专家共同参与，从典型的工作任务分析确定行动领域、从行动领域分析确定学习领域，从而完成专业课程体系的构建。在专业课程体系构建的基础上，再从岗位关键能力、职业关键能力分析入手，确定专业核心课程。

第三，教材内容要从校企合作中来，从工作、生产岗位中来。教材建设必须要有行业企业的充分参与，编写者要了解和掌握行业企业的实际需求，把新技术、新工艺、新方法及时纳入教材内容当中，坚决杜绝闭门造车。同时，注意借鉴和吸收国内外教材编写的先进理念，使编写的教材具备鲜明的高职教育特色。

第四，教材建设既要坚持职业性原则，也要坚持教育性原则。职业性原则是按需求导向进行职业分析，解决的是职业教育的教学内容是什么、从哪来等问题。教育性原则要求遵循教育规律和人才培养规律对教学内容做系统性或体系化归纳，而不是在课程中简单地还原职业能力或简单地复制工作过程。在职业性原则和教育性原则指导下，可以将工作任务设计成学习性任务，将学习内容按工作体系或行动逻辑体系、从简单到复杂的认知规律、从低级到高级的职业成长规律等进行序化设计。

第五，职业教育教材作为职业知识和技能的载体，必须重视将标准、安全、环保等职业要素融入教材中。标准知识包括职业资格标准、岗位工作标准、产品生产标准、质量技术标准等；安全知识包括现场环境安全认知、工作和劳动安全与防护、工具和设备使用与操作安全等；环保知识包括生态环保意识和行为的树立与养成，对生产中废气、废水、废物的认知及处理等。

第六，教材形式应是形象化、动态化、可视化、立体化的。根据多元智能理论和高职教育对象的特殊性，充分利用现代教育技术和网络信息技术手段，力求实现教材内容的形象化、动态化、可视化、立体化，以达到技能型人才培养的目的。同时，要研究不同表现媒体的特点和优势，处理好纸质、电子、网络等不同表现媒体之间的关系，而不是将课程内容简单地从一种媒体形式转移到另一种媒体形式。

第七，加强工学结合教学资源的开发，建设教材的助教和助学系统。着力开发建设从教学计划、教学方案到教学指导等教师助教系统，以及建立在模拟的、动态的、二维或三维的、视频的等丰富教学资源基础上的学生助学系统。

第八，依托共享资源平台，实现该系列教材的开放性。通过课程网站的建设，为该系列教材提供一个强大的后台支持，以实现教学内容的更新、教学资源的充实与调整、教与学的实时交流等，体现课程建设的动态性、交互性和共享性。同时，可为广大高职学生提供一个超越时空的自助学习平台。

通过努力，我们着重在以下方面实现教材创新，并力求形成特色。

教材设计的动态化。教材不仅是知识、技能的载体（学什么），同时也是教学流程的设计（如何教），通过一系列课程组织与实施活动，引导学生自主学习（怎么学）。这种教学模式不是独立存在的，而是隐含在课程开发和教材设计之中。“工学结合”“工学循环与交替”“教、学、做一体”等教学组织与实施形式，是高职教育教学和人才培养的内在要求，是以行动导向为特征的。所以，职业教育教材必须将工作岗位实践活动、完成工作任务的过程等还原为活化的、动态化的内容，即教材内容要活、表现形式要活、学习方法要活，更重要的是要活用起来。换句话说，教材怎么使用必须事前设计出来，对以学生为主、教师指导、工学结合的教学组织要有一个系统设计。

教材内容的可视化。高职教育培养对象是多元智能类型中的一个特定群体。他们以形象思维见长，行为模仿力强，实践性智力突出，而不太擅长抽象的概念、原理、范畴等数字化、符号化的逻辑思维。因此，我们必须结合课程建设，在注重将更多的教学内容进行情境化设计的同时，在教材编写过程中将一些难以理解的概念、定义、定律、术语等内容，以图示、图片、逻辑图、流程图等多种形式，替代以往单纯的文字性抽象表述，尽可能地将教材内容演绎、简化、诠释为可视化、形象化的学习内容，从而降低学生学习的难度，提高学生自主学习的效率和效果。

教材表现的立体化。立体化不仅是指采用多媒体形式立体地、多角度地表现教材的内容，更重要的是要把教材设计成一个教与学的互动系统，在教与学的过程中让多媒体学习资源立体地交互、联动起来。通过这些丰富的立体化学习资源让学生穿梭于教、学、做之间，达到既按教学规律循序渐进学习知识与技能，又能激发学生自主学习的意识和兴趣，调动学生自身学习潜能的目的，从而让学生在自主学习兴趣的驱动下，在自主学习的过程中更多地构建起自己的知识和方法能力。

教材模式的体系化。工学结合新模式教材是一套系统化的教材，以主体教材为核心，构建了主体教材、自主学习手册、助学系统几个部分。这几部分不仅表现形式不同，更重要的是各个部分之间相互关联、相互补充和相互联动，按照职业教育的发展规律和循序渐进的知识与技能学习规律，形成了一套完整的教与学的资源系统。

按照这样的要求和特点加强教材的研究与开发，对于引导高职教育实现人才培养模式的转变、推动高职教育模式的转型具有重要意义，但也是一项难度很大、复杂的系统工程。因此，我们一方面通过整合品牌、编审、发行、推广等出版资源，合力搭建高水平、新模式高职教材的研发与建设平台。另一方面在坚持质量优先原则的基础上，我们适当扩大该系列教材参与研发的院校面，为新的高职教学理念和课程模式，以及该系列教材的推广使用创造有利条件。

为确保该系列教材的编写质量，我们实行总主编制和主编制项目管理。

主编及参编骨干人员主要由各参编院校国家级、省级、校级的教学名师、优秀教学团队带头人、精品课程负责人以及具有行业企业背景且具有高职教育资源开发能力、在本专业有较高影响力的“双师型”教师，以及行业企业专家构成。主编人员由国家示范性（骨干）高等职业院校的教师担任。参编人员原则上应是所在院校专业建设和课程开发的带头人。

该系列教材所进行的仅仅是一种新模式的初步探索，因此，需要一个动态调整的长期过程来不断完善和提高。我们期望通过该系列教材的研究开发和编辑出版，促进广大高等职业院校与行业企业的专家、学者积极参与该系列教材的探索与创新，及时总结、反馈教材规划设计和推广使用过程中存在的问题，集众人之智，持之以恒，为建设能够真正体现高职教育特征的教材而不懈努力，从而带动我国高等职业院校教材建设整体水平的提高。

前　　言

教材不仅是课程内容的重要载体，而且是教学流程的设计和再造，它对于规范教学内容、有效组织教学活动，提高人才培养质量发挥着不可或缺的重要作用。近年来，在我国高等职业教育教学改革过程中，观念与理念更新、教学内容与教学模式改革、人才培养模式转变推动了专业建设和课程建设，我们适应这种变革，积极开展了基于工作体系、生产过程、行动导向等的教材理念、教材功能、教材体例等的研究与创新，并注重应用实践。在“高等职业院校专业核心课程新模式系列教材”编写原则和要求的指导下，通过校企合作和广泛的行业企业调研，我们对公差配合与机械测量课程进行了内容改革和模式创新，对课程内容进行了系统化、规范化和体系化设计，并以主教材为核心构建了由主体教材、自主学习手册、助学系统共同组成的新模式教材。

一、教材模式

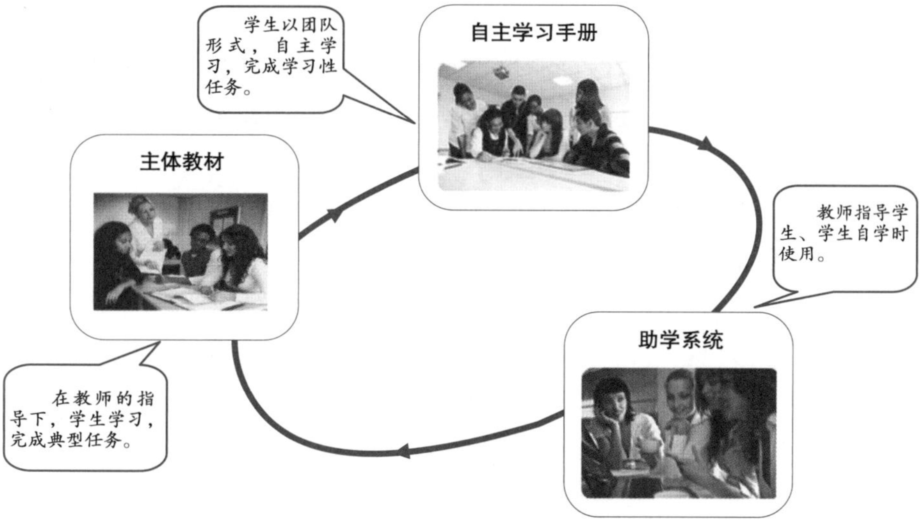

图 0–1　教材使用

主教材采用纸质媒介，是教材的骨干部分，综合体现了整个课程的内容体系。本教材遵循以应用为主的原则，基于机械制造行业对公差配合和机械测量能力的要求，强化学生的公差参数标注、查表、解释以及常见几何量检测能力的培养，系统性、规范性构建课程内容；基于不同的能力要求和培养目标的差异，课程内容选取详略得当，并安排适应的实训任务，强化学习效果；通过图片、动画等可视化资源，将复杂的问题简单化、形象化，适当安排职业素质教育和安全教育等内容，提高学生的职业道德和职业素养。

本教材执行最新国家标准，以任务导向的方式组织教学内容，每个任务包括相应的检测要求识读分析、标准的选用、检测工具设备的选用和维护使用方法以及相应的零件测量等，共安排了长度测量、几何公差检测、零件表面粗糙度检测、圆锥度和角度检测、螺纹检测和齿轮检测等六个教学任务。在内容组织时，在职业性和教育性原则的指导下，紧扣能力培养需要，将工作任务合理设置成学习性任务，并按从简单到复杂的认知规律进行序化设计，合理安排拓展任务，提高学生的自主学习能力，实现知识的拓展和延伸。

二、教材特点

本教材通过理念和模式创新形成了以下特点和创新点：

➢ 基于岗位知识需求，系统化、规范化的构建课程体系。

➢ 通过教学做之间的引导和转换，使学生在学中做、在做中学，潜移默化地提升岗位管理能力。

➢ 立体化的教学设计，强调互动式学习，以主体教材为基础、以自学手册为导向、以助学系统为辅助，多管齐下，开发学生的学习兴趣，快速有效地完成知识和技能的传递。

➢ 尽可能对教材内容做可视化处理，通过图示、图片、逻辑图等形式表现学习内容，以降低学生的学习难度，培养学生的兴趣和信心，提高学生自主学习的效率和效果。

➢ 注重岗位素质的培养，通过操作规范、安全操作等知识的学习，提高学生的职业素养。

三、教材使用体例

为了激发学生学习兴趣，结合课程内容，主体教材设置了“多学一点”“提示”“做一做”“小知识”等小栏目，部分栏目使用图解如下。

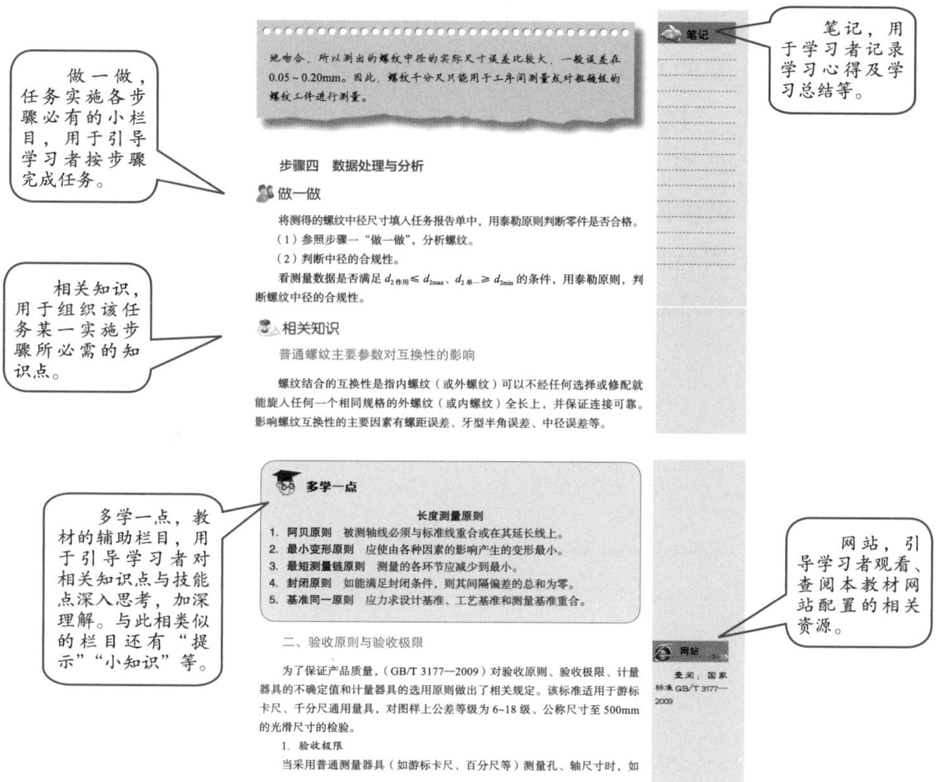

图 0–2　小栏目使用图解

四、其他

本教材由威海职业学院院长金志涛教授担任总主编，负责本教材的系统策划、提纲审定和编写过程总把关，并对该书稿内容进行了反复多次认真审阅，针对理念贯彻、框架结构、内容选取、编写体例、语言文字等细节问题提出了许多明确的修改指导意见，最终提交的书稿至少经过了五轮修改。本教材由威海职业学院、山东职业学院、青岛港湾职业技术学院、济南职业学院等国家示范性（骨干）高等职业院校与威海天诺数控机械有限公司等企业合作，威海职业学院董先智、山东职业学院于延军作为主编主持了系统策划、结构设计和主体内容的编写。董先智、于延军参与了任务一、三的编写；山东职业学院王仁波、青岛港湾职业技术学院隋晓朋、威海职业学院于春玲参与了任务四、六的编写；威海职业学院管劲浩、周晓峰、毕莉、孙爱春、付振山，山东职业学院梁克华，济南职业学院张瑞珊参与了任务二、任务五的编写。

威海职业学院曲桂东教授、谭在仁老师协助总主编做了本教材编写、出版和培训的相关组织与协调工作，张永岗、邵智飞为本教材提供了网络信息技术支持。

本教材在编写过程中，得到威海天诺数控机械有限公司、威海华东数控有限公司等许多企业的大力支持，并提供了很多素材。在编写过程中，参考了有关文献。在此，对给予支持的相关企业和相关作者深表感谢！

本教材在编写结构、体例、内容等方面进行了大胆的探索和创新，但难免存在一些不足、错误和缺陷，希望广大读者对此提出批评或改进建议。

本教材适用于实行行动导向教学模式的高职院校的专业教学、企业工程技术人员培训以及学习公差配合与机械测量等基础知识的初学者。

目　录

任务六　圆柱齿轮传动精度的检测

笔记

任务一
长度测量

任务目标

通过学习本任务，学生应达到如下目标：

□ 掌握尺寸公差的选用原则；

□ 认识常用量具并掌握游标卡尺、外径千分尺等量具的使用方法；

□ 掌握常见典型零件的检测方法；

□ 合理分析测量误差并对测量结果进行数据处理。

任务描述

● 任务内容

选用合适的测量工具，测量如图 1-1 所示的减速器输出轴各轴段的长度及轴段的直径，掌握游标卡尺等相关长度测量工具的使用方法，合理分析测量误差，并科学处理测量结果。

注意：被测对象可根据学校实际情况另行选择合适的轴类零件。

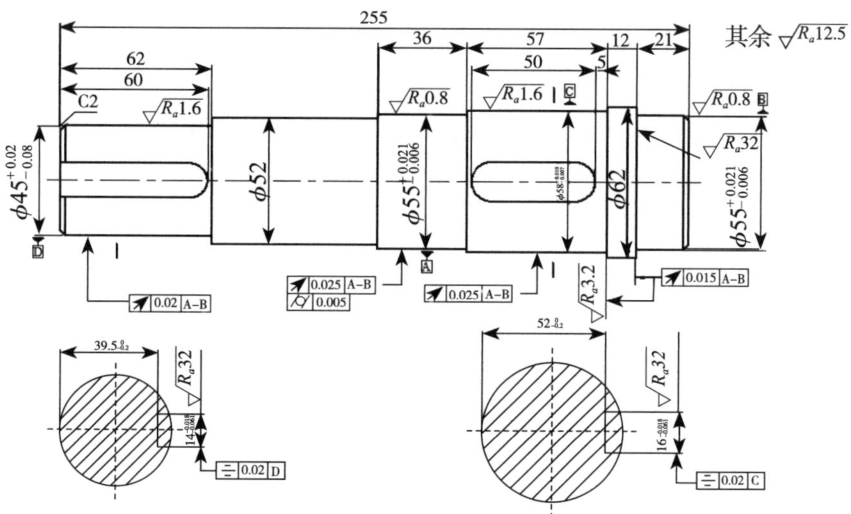

图 1-1　减速器输出轴零件图

笔记

● 实施条件

□ 生产车间或实训基地，供学生见习、了解各种常用检测设备。

□ 游标卡尺、深度游标卡尺、外径千分尺等长度测量工具。

程序与方法

步骤一　测量要求分析

做一做

阅读图 1–1、图 1–2 所示减速器输出轴零件图，查阅相关资料，分析该输出轴需要测量哪些轴段的长度及直径内、外尺寸，说明这些尺寸的精度与验收极限。

减速器输出轴长度测量要求分析如下。

（1）$\phi55$ 轴颈为了保证与轴承的配合性质，尺寸要求精度高（$\phi55^{+0.021}_{-0.006}$），即该处尺寸在 $\phi54.994$~$\phi55.021$ 为合格；同时对圆柱度提出了进一步的要求（0.005mm），表面粗糙度 $R_a \leqslant 0.8\mu m$，是加工要求最高的部位。

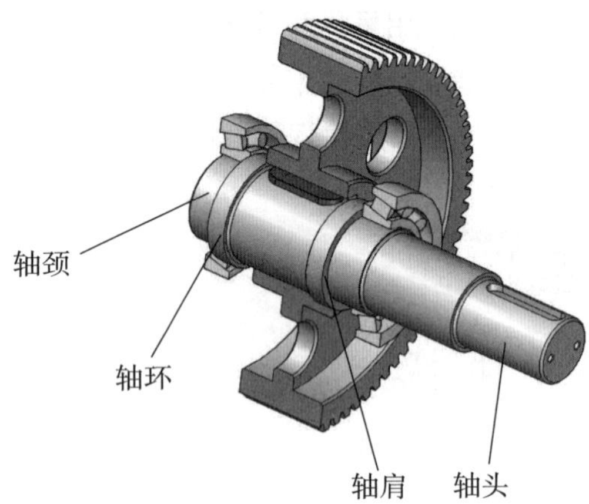

图 1–2　轴类零件结构示意

（2）中间 $\phi58$ 轴头处安装从动齿轮，为了保证齿轮的运动精度，尺寸要求精度高（$\phi58^{+0.010}_{-0.007}$），即该处尺寸在 $\phi57.993$~$\phi58.010$ 为合格；还规定了对基准轴线 A–B 的径向圆跳动公差（0.025mm），表面粗糙度 $R_a \leqslant 1.6\mu m$。

（3）$\phi45$ 的轴头部分安装皮带轮，尺寸精度要求相对低（$\phi45^{+0.02}_{-0.08}$），即该处尺寸在 $\phi44.92$~$\phi45.02$ 为合格，还规定了对基准轴线 A–B 的径向圆跳动公差（0.025mm），表面粗糙度 $R_a \leqslant 1.6\mu m$。

（4）宽度为 14mm、16mm 的两键槽，由于平键已经标准化，国家标准对键槽的宽度和深度进行了规范。标准规定采用紧键连接的情况下，轴和毂的公差均采用 P9（$14^{-0.018}_{-0.061}$、$16^{-0.018}_{-0.061}$），所以图中键槽的宽度分别在 13.939~13.982mm、15.939~15.982mm 即为合格；键槽的深度在 39.3~39.5、51.8~52 为合格。

（5）$\phi52$ 和 $\phi62$ 的外圆部分，以及 60、255 等长度尺寸，图中没有给

笔记

出公差要求，按国家标准中对未标注公差的规定，尺寸在 6~30mm 的公差为 ±0.2mm，30~120mm 的公差为 ±0.3mm，120~400mm 的公差为 ± 0.5mm。

相关知识

一、测量及测量过程

测量就是把被测对象与具有计量单位的标准量进行比较，从而确定被测对象量值的过程。

任何一个测量过程都必须具有明确的被测对象和确定的测量单位，还要有与被测对象相适应的测量方法，而且测量结果还要达到所要求的测量精度。因此，一个完整的测量过程应该包括被测对象、测量单位、测量方法和测量精度四个要素。

（1）被测对象：我们研究的被测对象是几何量，即长度、角度、形状位置、表面粗糙度以及螺纹、齿轮等零件的几何参数。

（2）测量单位：长度常用的计量单位为米（m）、毫米（mm）、微米（μm）和纳米（nm）。

（3）测量方法：测量时所采用的测量原理、测量器具和测量条件的总和。

（4）测量精度：测量结果与真实值的接近程度。

多学一点

长度测量原则

1. **阿贝原则**　被测轴线必须与标准线重合或在其延长线上。
2. **最小变形原则**　应使由各种因素的影响产生的变形最小。
3. **最短测量链原则**　测量的各环节应减少到最小。
4. **封闭原则**　如能满足封闭条件，则其间隔偏差的总和为零。
5. **基准同一原则**　应力求设计基准、工艺基准和测量基准重合。

二、验收原则与验收极限

为了保证产品质量，（GB/T 3177—2009）对验收原则、验收极限、计量器具的不确定值和计量器具的选用原则做出了相关规定。该标准适用于游标卡尺、千分尺通用量具，对图样上公差等级为 6~18 级、公称尺寸至 500mm 的光滑尺寸的检验。

网站

查阅：国家标准 GB/T 3177—2009

1. 验收极限

当采用普通测量器具（如游标卡尺、百分尺等）测量孔、轴尺寸时，如

笔记

果以被测工件规定的极限尺寸作为验收的界值，在测量误差的影响下，实际尺寸超出极限尺寸范围的工件可能被判为合格品；实际尺寸处于极限尺寸范围之内的工件也可能被判为不合格品，前者称为“误收”，后者称为“误废”。

（GB/T 3177—2009）规定的验收原则为：所有验收方法只接受位于规定尺寸极限之内的工件，即允许有误废但不允许有误收。

为保证零件误废最少，国家标准规定了验收极限。验收极限是判断所检验工件尺寸合格与否的尺寸界限。

2. 验收界限的确定

验收极限从规定的最大实体尺寸（MMS）和最小实体尺寸（LMS）分别向工件公差带内移动一个安全裕度（A）来确定。

孔尺寸的验收极限

上验收极限 = 孔的最小极限尺寸（LMS）– 安全裕度（A）

下验收极限 = 孔的最大极限尺寸（MMS）+ 安全裕度（A）

轴尺寸的验收极限

上验收极限 = 轴的最大极限尺寸（MMS）+ 安全裕度（A）

下验收极限 = 轴的最小极限尺寸（LMS）+ 安全裕度（A）

安全裕度 A 由工件公差 T 确定，对于配合尺寸一般 A 的数值取工件公差的 1 / 10。对于非配合尺寸或工艺能力很高时，A 值可取为零。同时，A 值的大小是人为给定的，A 值越大对计量器具的要求越低，A 值越小对计量器具的要求越高。因此，应结合实际情况灵活处理。

学点历史

将被测长度与已知长度进行比较，从而得出测量结果的工具，简称测量工具。长度测量工具包括量规、量具和量仪。习惯上常把不能指示量值的测量工具称为量规；把能指示量值，拿在手中使用的测量工具称为量具；把能指示量值的座式和上置式等测量工具称为量仪。

最早在机械制造中使用的是一些机械式测量工具，如角尺、卡钳等。16 世纪，在火炮制造中已开始使用光滑量规。1772 年和 1805 年，英国的 J. 瓦特和 H. 莫兹利等先后制造出利用螺纹副原理测长的瓦特千分尺和校准用测长机。19 世纪中叶以后，先后出现了类似于现代机械式外径千分尺和游标卡尺的测量工具。19 世纪末期，出现了成套量块。

继机械测量工具之后出现的是一批光学测量工具。19 世纪末，出

笔记

现立式测长仪，20世纪初出现测长机。到20年代，机械制造中已经应用投影仪、工具显微镜、光学测微仪等进行测量。1928年出现气动量仪，它是一种适合在大批量生产中使用的测量工具。

电学测量工具是20世纪30年代出现的。最初出现的是利用电感式长度传感器制成的界限量规和轮廓仪。50年代后期出现了以数字显示测量结果的坐标测量机。60年代中期在机械制造中已应用带有电子计算机辅助测量的坐标测量机。70年代初又出现计算机数字控制的齿轮量仪，至此测量工具进入应用电子计算机阶段。

步骤二　测量工具的选择

做一做

根据图1–1所示输出轴结构及测量要求，阅读相关资料，从测量范围、尺寸公差要求、被测对象的结构特殊性等各个方面综合考虑，完成测量工具的选择方案并进行交流。

测量工具选择分析如下。

（1）测量 $\phi45^{+0.02}_{-0.08}$、$\phi55^{+0.021}_{-0.006}$ 和 $\phi58^{+0.010}_{-0.007}$ 等外圆尺寸。

$\phi55^{+0.021}_{-0.006}$ 和 $\phi58^{+0.010}_{-0.007}$ 等外圆尺寸精度高，而游标卡尺的分度值为0.02mm，所以这两处外圆尺寸的测量必须选择外径千分尺。外径千分尺的测量范围为0~25mm、25~50mm、50~75mm等，每隔25mm为一挡，所以要选择50~75mm的外径千分尺。

$\phi45^{+0.02}_{-0.08}$ 外圆尺寸在 $\phi44.92$~$\phi45.02$，所以采用游标卡尺即可满足测量要求。

（2）测量输出轴各轴段长度尺寸。

各轴段长度尺寸的公差在 ±(0.2~0.3) mm，255mm的总长公差为 ±0.5mm，键槽深度公差为0~0.2mm，所以采用游标卡尺即可满足测量要求。

各轴段长度尺寸小于150mm，所以采用0~150mm游标卡尺即可，255mm的总长需要0~300mm的游标卡尺，62mm的轴头长度的测量可以采用0~150mm的深度游标卡尺或0~150mm的游标卡尺测量。

笔记

提示

（1）测量或检验零件尺寸时，要按照零件尺寸的精度要求，选用合适的量具。

（2）如游标卡尺是一种中等精度的量具，它只适用于中等精度尺寸的测量和检验。用游标卡尺去测量锻铸件毛坯或精度要求很高的尺寸，都是不合理的。前者容易损坏量具，后者测量精度达不到要求，因为量具都有一定的示值误差。

（3）量具的示值误差就是量具本身的制造精度，不论你使用得怎样正确，量具本身就可能产生这些误差。例如，用游标读数为 0.02mm 的游标卡尺（示值误差为 ±0.02mm），测量 50mm 的尺寸时，若游标卡尺上的读数为 50.00mm，实际尺寸可能是 50.02mm，也可能是 49.98mm。这不是游标卡尺的使用方法上有什么问题，而是它本身的制造精度所允许产生的误差。

相关知识

一、测量设备的选择原则

（1）计量器具的测量范围及标尺的测量范围，能够适应被测对象的外形、位置，被测量的大小以及其他要求。

（2）按被测对象的尺寸公差来选用计量器具时，为使对象的实际尺寸不超出原定的公差尺寸范围，必须考虑计量器具的测量极限误差而给出安全裕度。一般情况下低于 7 级精度的零件，可以选择游标类量具；高于 7 级的，应该选用螺旋测微类量具。

（3）按被测对象的结构特殊性选用计量器具，如对象的大小、形状、质量、材料、刚性和表面粗糙度等都是选用时的考虑因素。

（4）被测对象所处的状态和测量条件也是选择计量器具时的考虑因素。很显然，动态情况下的测量要比静态情况下复杂得多。

（5）被测对象的加工方法、批量和数量等也是选择计量器具时要考虑的因素。

（6）对于单件测量，应以选择通用计量器具为主，成批的测量应以专用量具、量规和仪器为主，大批的测量则应选用高效率的自动化专用检验器具。

二、游标类量具

游标类量具是利用游标读数原理制成的一种常用量具，结构简单、使用方便，测量范围大（图 1–3）。常用的游标量具有游标卡尺、高度游标卡尺、深度游标卡尺、游标量角尺（如万能量角尺）和齿厚游标卡尺等。

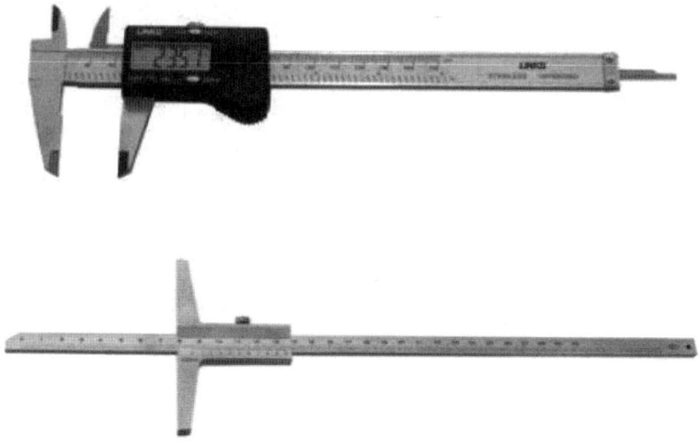

图 1–3　游标类量具

1. 结构

游标量具在结构上的共同特征（图 1–4）是都有主尺、游标尺以及测量基准面，另外还有便于使用而设的微动机构和锁紧机构等。主尺上有毫米刻度，游标尺上的分度值有 10 分度、20 分度、50 分度，分度值分别为 0.1mm、0.05mm 和 0.02mm 三种。

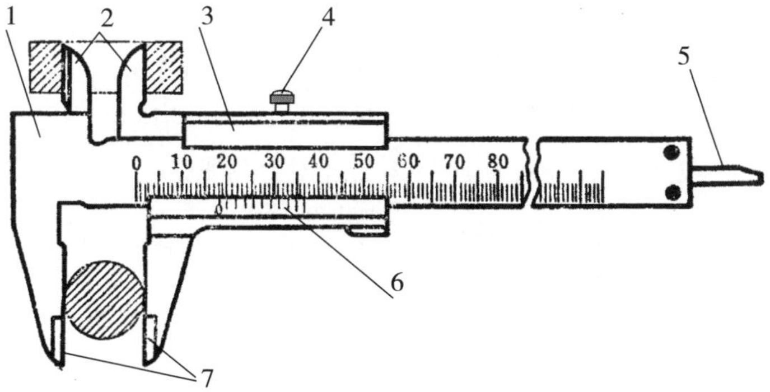

1– 尺身；2– 内测量爪；3– 副尺；4– 紧固螺钉；5– 深度尺；6– 游标尺；7– 外测量爪

图 1–4　游标卡尺结构

2. 读数原理

游标读数原理是利用主尺刻线间距与游标刻线间距的间距差实现的。

不管是多少分度的，主尺刻度间距都是 a = 1mm。若使主尺刻度（n – 1）

笔记

格的宽度等于游标刻度 n 格的宽度，则游标的刻度间距 $b=[(n-1)/n]a$。

如 50 分度的游标卡尺（分度值为 0.02mm），游标尺的刻度分成 50 个小格，但总长为 49mm，因此游标刻度间距为 49 / 50 = 0.98mm。

整数由主尺来读，小数部分由游标尺来读。

当游标尺零刻线与主尺零刻线对准时，除游标的最后一根刻线（第 50 根刻线）与主尺上第 49 根刻线重合外，其余刻线均不重合。若将游标向右移动 0.02mm，则游标的第一根刻线与主尺的第一根刻线重合；游标向右移动 0.04mm 时，则游标的第二根刻线与主尺的第二根刻线重合，依此类推。这就是说，游标在 1mm 内（1 个主尺刻度间距），向右移动距离可由游标刻线与主尺刻线重合时游标刻线的序号来决定。所以不足 1mm 的小数部分的读数就是这样读出来的（与主尺对齐的游标尺的刻度数乘以分度值 0.02mm）。

在图 1–5 中，首先，游标尺零刻线在主尺的 13mm 刻线的右侧，所以整数读数为 13mm；其次，游标尺的第“22”刻度与主尺的某刻度对齐，但仔细观察游标尺的 0 刻线到 22 刻线实际有“11”格，即小数读数为 11 × 0.02mm = 0.22mm。被测尺寸的整数部分为 13mm，小数部分为 11 × 0.02 = 0.22（mm），被测尺寸为 13 + 0.22 = 13.22（mm）。

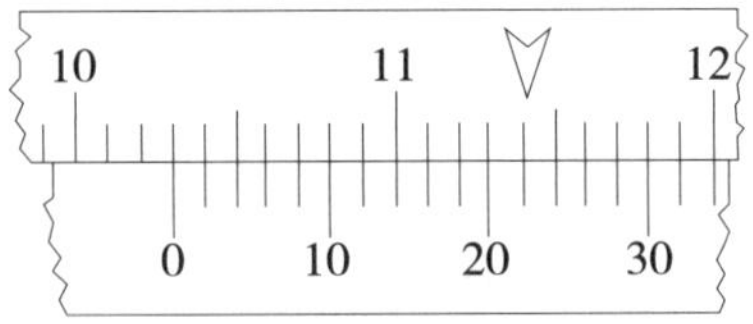

图 1–5 游标卡尺读数

提示

游标卡尺不要求估读，如游标上没有哪个刻度与主尺刻度线对齐的情况，则选择最近的一格读数，有效数字要与精度对齐。

另外，数显游标卡尺可以直接显示测量结果。

三、螺旋测微量具

应用螺旋测微原理制成的量具称为螺旋测微量具（图 1–6）。它们的测量精度比游标卡尺高，螺旋测微器可准确到 0.01mm，由于还能再估读一位，可读到毫米的千分位，故又名千分尺；常用的有外径千分尺、内径千分尺、深度千分尺以及螺纹千分尺和公法线千分尺等。

笔记

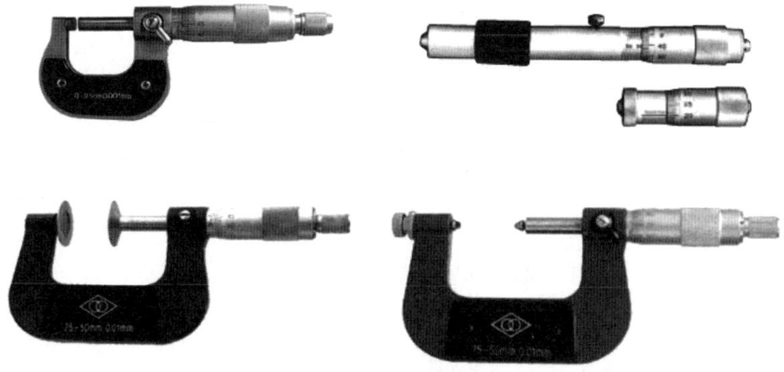

图 1-6　螺旋测微量具

1. 结构

螺旋测微器主要由尺架、微分筒、固定套筒、测力装置、测量面、锁紧机构等组成，以丝杆螺距作为测量的基准量，固定套筒和微分筒作为示数装置，用刻度线进行读数，内有保证一定测力的棘轮棘爪机构。

2. 读数原理

通过螺旋传动，将被测尺寸转换成丝杆的轴向位移和微分筒的圆周位移，并以微分筒上的刻度对圆周位移进行计量，从而实现对螺距的放大细分。

微分筒每转一周，测头就相对于主尺移动一个螺距 p。一般 p = 0.5mm，而微分套筒一周上的刻度数为 50 等分，故微分筒上的刻度每转过一格，则测量头就移动 0.01mm。因此，每一等分所对应的分度值为 0.01mm。

3. 读数方法

在千分尺的固定套筒上刻有轴向中线，作为微分筒读数的基准线。另外，为了计算测微螺杆旋转的整数转，在固定套筒中线的两侧刻有两排刻线，刻线间距均为 1mm，上、下两排相互错开 0.5mm。

外径千分尺的具体读数方法如下。

（1）读出固定套筒上露出的刻线尺寸，注意不要遗漏应读出的 0.5mm 的刻线值。

（2）读出微分筒上的尺寸，将读出格数乘以 0.01mm 即得微分筒上的尺寸。

（3）将上面两个数相加，即为外径千分尺上测得尺寸。

如图 1-7（a）所示，在固定套筒上读出的尺寸为 8mm，微分筒上读出的尺寸为 27（格）×0.01mm = 0.27mm，以上两数相加即得被测零件的尺寸为 8.270mm；如图 1-7（b）所示，在固定套筒上读出的尺寸为 8.5mm，在微分筒上读出的尺寸为 27（格）×0.01mm = 0.27mm，以上两数相加即得被测零件的尺寸为 8.770mm。

笔记

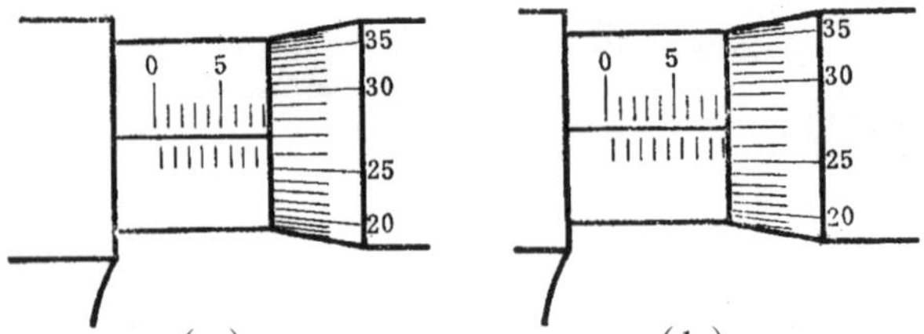

（a）　　（b）

图 1-7　外径千分尺的读数

提示

（1）测量时，注意要在测微螺杆快靠近被测物体时停止使用旋钮，而改用微调旋钮，避免产生过大的压力，既可使测量结果精确，又能保护螺旋测微器。

（2）在读数时，要注意固定刻度尺上表示半毫米的刻线是否已经露出。

（3）读数时，千分位有一位估读数字，不能随便漏掉，即使固定刻度的零点正好与微分筒刻度的某一刻度线对齐，千分位上也应读取为“0”。

（4）当固定测砧和测微螺杆并拢时，微分筒的零点与固定刻度的零点不相重合，将出现零误差，应加以修正，即在最后测长度的读数上去掉零误差的数值。

步骤三　用游标卡尺测量轴段尺寸

做一做

一、准备工具

准备 0~300mm 的游标卡尺、0~150mm 的深度游标卡尺（也可用 0~150mm 的游标卡尺替代）等。

二、测量方法与过程

（1）擦干净零件被测表面和量具的测量面。

（2）测量前，必须校对量具的零位。

（3）利用 0~300mm 游标卡尺、0~150mm 深度游标卡尺对 $\phi52$ 的外圆尺寸、键槽深度 $39.5^{0}_{-0.2}$ 以及轴头长度 62、255 等尺寸进行测量。

笔记

提示

（1）测量零件的外尺寸时，卡尺两测量面的连线应垂直于被测量表面。

（2）测量零件时，不允许过分地施加压力。

（3）在游标卡尺上读数时，视线尽可能和卡尺的刻线表面垂直。

（4）为了获得正确的测量结果，可在同一位置上再测量一次。尤其是测量圆柱形零件时，应在同一圆周的不同方向测量几次。

（5）将测得的尺寸进行处理（见本任务步骤六　数据处理与分析），并与该尺寸的验收极限进行比较，判断被测尺寸是否合格。

相关知识

一、游标卡尺的使用

1. 测量设备

测量前应把卡尺揩拭干净，检查卡尺的两个测量面和测量刃口是否平直无损，使两个量爪紧密贴合时，应无明显的间隙，同时游标和主尺的零位刻线要相互对准。这个过程称为校对游标卡尺的零位。试着移动尺框，活动要自如，不应有过松或过紧，更不能有晃动现象。用固定螺钉固定尺框时，卡尺的读数不应有所改变。在移动尺框时，不要忘记松开固定螺钉。

2. 测量操作

当测量零件的外尺寸时，卡尺两测量面的连线应垂直于被测量表面，如图 1–8 所示。

图 1–8　测量外尺寸时正确的位置

其方法是先把卡尺的活动量爪张开，使量爪能自由地卡进工件，把零件贴靠在固定量爪上，然后移动尺框，用轻微的压力使活动量爪接触零件。如卡尺带有微动装置，此时可拧紧微动装置上的固定螺钉，再转动调节螺母，使量爪接触零件并读取尺寸。不可把卡尺的两个量爪调节到接近甚至小于所测尺寸，将卡尺强制卡到零件上，这样做容易使量爪变形，造成测量面过早磨损，使卡尺失去精度。

笔记

当测量零件的内尺寸时，如图 1–9 所示，使量爪分开的距离小于所测内尺寸；进入零件内孔后，再慢慢张开并轻轻接触零件内表面，用固定螺钉固定尺框后，轻轻取出卡尺来读数。取出量爪时，用力要均匀，并使卡尺沿着孔的中心线方向滑出。

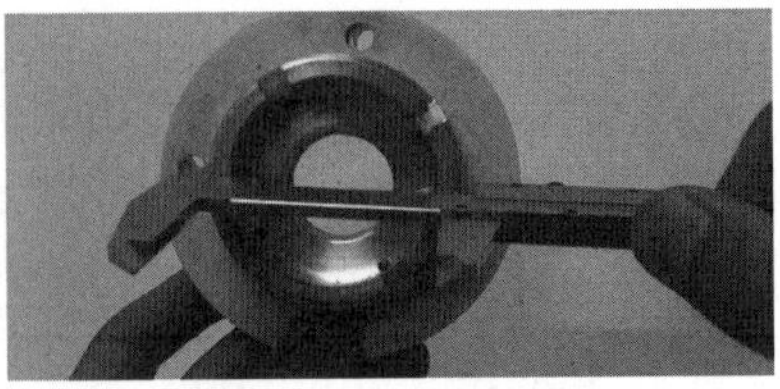

图 1–9　内孔测量

用游标卡尺测量时，不允许过分地施加压力，所用压力应使两个量爪刚好接触零件表面。

3. 测量读数

在游标卡尺上读数时，视线尽可能和卡尺的刻线表面垂直，避免由于视线歪斜造成读数误差。

4. 其他注意事项

为了获得正确的测量结果，应在零件同一截面的不同方向进行多次测量以获得比较准的测量结果。

二、深度游标卡尺的使用

深度游标卡尺如图 1–10 所示，用于测量零件的深度尺寸或台阶高低和槽的深度。它的结构特点是尺框 3 的两个量爪连成一起成为一个游标测量基座 1，基座的端面和尺身 4 的端面就是它的两个测量面。测量内孔深度时应把基座的端面紧靠在被测孔的端面上，使尺身与被测孔的中心线平行，则尺身端面至基座端面之间的距离就是被测零件的深度尺寸。它的读数方法和游标卡尺完全相同。

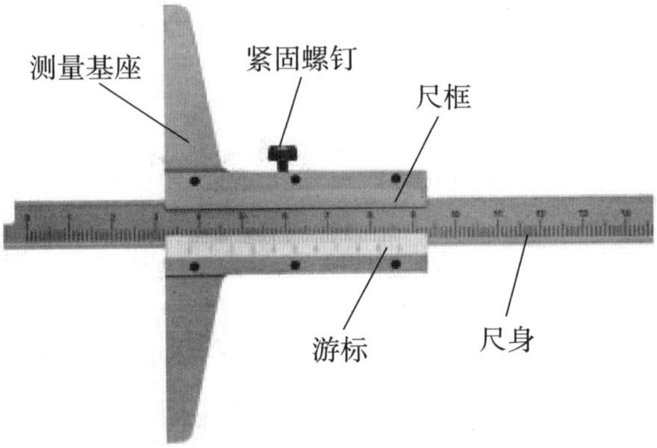

图 1–10　深度游标卡尺

测量时，先把测量基座轻轻压在工件的基准面上，两个端面必须接触工件的基准面，如图 1–11（a）所示。测量轴类等台阶时，测量基座的端面一定要压紧在基准面，如图 1–11（b）、（c）所示，再移动尺身，直到尺身的端面接触到工件的量面（台阶面）上，然后用紧固螺钉固定尺框，提起卡尺，读出深度尺寸。多台阶小直径的内孔深度测量，要注意尺身的端面是否在要测量的台阶上，如图 1–11（d）所示。当基准面是曲线时，测量基座的端面必须放在曲线的最高点上，测量出的深度尺寸才是工件的实际尺寸，否则会出现测量误差。

笔记

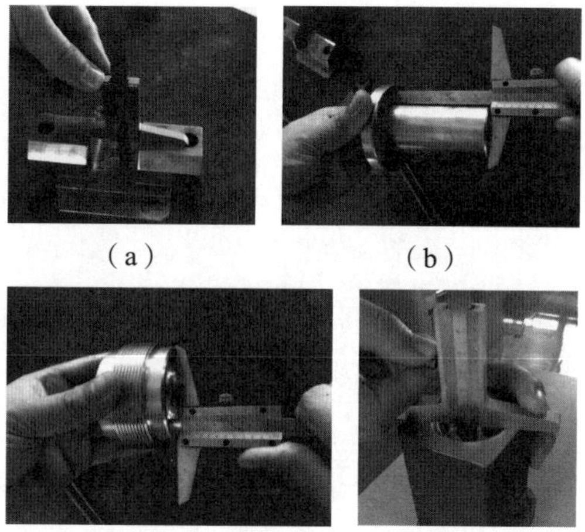

（a）（b）（c）（d）

图 1–11　深度游标卡尺的使用方法

步骤四　用外径千分尺测量轴径尺寸

做一做

一、准备工具

准备测量范围为 50~75mm，测量精度为 0.01 mm 的外径千分尺等。

二、测量方法与过程

（1）擦干净零件被测表面和量具的测量面。

（2）测量前，必须校对量具的零位。

提示

（1）测量范围大于 25mm 的千分尺校对零位时，应该在两测量面间放上校对样棒。

（2）校对零位时，转动测微螺杆使两测量面与校对样棒接触。

（3）检测测量面是否密合，微分筒圆周上的零刻线是否与固定套筒的中线对齐。

（4）如果零位不正确，就必须调整。

（5）调整时，可用制动器把测微螺杆锁住，再用千分尺的专用扳手插入测力装置轮轴的小孔内，把测力装置松开（逆时针旋转），微分筒就能进行调整。

笔记

（3）利用 50~75mm 的外径千分尺对 $\phi55^{+0.021}_{-0.006}$ 和 $\phi58^{+0.010}_{-0.007}$ 等尺寸进行测量。

提示

（1）测量时，左手握住千分尺的隔热手柄，右手转动微分筒，使测微螺杆靠近工件，然后用右手转动测力装置，保持恒定的测量力。

（2）测量时，必须保持测微螺杆的中心线与零件中心线相交，且与零件的轴心线垂直。

（3）在读取千分尺上的测量数值时，要特别留心不要读错 0.5mm。

（4）为了获得正确的测量结果，可在同一位置上再测量一次。尤其是测量圆柱形零件时，应在同一圆周的不同方向测量几次。

（5）将测得的尺寸进行处理（见本任务步骤六　数据处理与分析），并与该尺寸的验收极限进行比较，判断被测尺寸是否合格。

相关知识

外径千分尺的使用

1. 测量设备

使用前，应把外径千分尺的两个测砧面揩拭干净，转动测力装置，使两测砧面接触时接触面上没有间隙和漏光现象，同时微分筒和固定套筒要对准零位。

转动测力装置时，微分筒应能自由灵活地沿着固定套筒活动，没有任何轧卡和不灵活的现象。

2. 测量操作

测量前，应把零件的被测量表面揩拭干净，以免有脏物存在影响测量精度。绝对不允许用外径千分尺测量带有研磨剂的表面，以免损伤测量面的精度。用外径千分尺测量表面粗糙的零件也是错误的，这样易使测砧面过早磨损。

用外径千分尺测量零件时，应当手握测力装置的转帽来转动测微螺杆，使测砧表面保持标准的测量压力，即听到“嘎嘎”的声音，表示压力合适，并可开始读数。要避免因测量压力不等而产生测量误差。绝对不允许用力旋转微分筒来增加测量压力，使测微螺杆过分压紧零件表面，致使精密螺纹因受力过大而发生变形，损坏外径千分尺的精度。

使用外径千分尺测量零件时，要使测微螺杆与零件被测量的尺寸方向一

笔记

致。如测量外径时，测微螺杆要与零件的轴线垂直，不要歪斜；测量时，可在旋转测力装置的同时，轻轻晃动尺架，使测砧面与零件表面接触良好。

3. 测量读数

用外径千分尺测量零件时，最好在零件上进行读数，放松后取出外径千分尺，这样可减少测砧面的磨损。如果必须取下读数，应用制动器锁紧测微螺杆后，再轻轻滑出零件。

在读取测量数值时，要特别留心不要读错 0.5mm。

为了获得正确的测量结果，可在同一位置上再测量一次；尤其是测量圆柱形零件时，应在同一圆周的不同方向测量几次。

4. 其他注意事项

对于超常温的工件，不要进行测量，以免产生读数误差。

单手测量时，如图 1–12（a）所示，可用大拇指和食指或中指捏住活动套筒，小指钩住尺架并压向手掌上，大拇指和食指转动测力装置便可测量。

双手测量时，可按图 1–12（b）所示的方法进行。

（a）单手使用

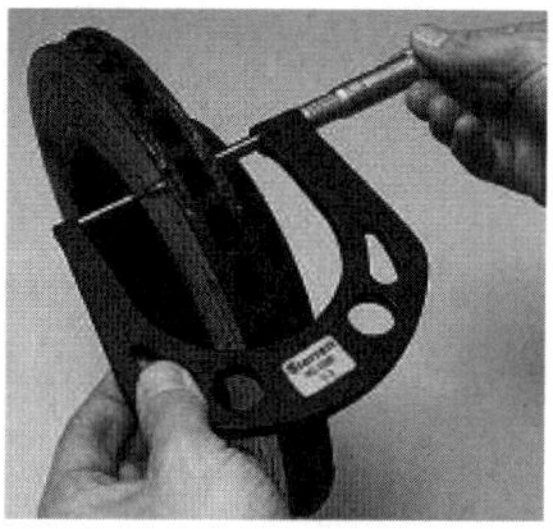

（b）双手使用

图 1–12　外径千分尺的正确使用方法

步骤五　极限与配合的选用

做一做

根据图 1–1 所示输出轴结构，阅读相关资料，从使用要求、基准制选择等各个方面综合考虑，完成下列问题并进行交流。

（1）轴上 ϕ45、ϕ55 和 ϕ58 等轴头和轴径部分，分别与哪些工件配合？

（2）它们的配合制是如何选定的？

（3）确定上述部位的公差等级时都考虑了哪些因素？

笔记

相关知识

一、极限与配合

1. 孔与轴

孔：通常指工件的圆柱形内表面，也包括非圆柱形的内表面（由两个平行平面或切面而形成的包容面）。

轴：通常指工件的圆柱外表面，也包括非圆柱形的外表面（由两个平行平面或切面而形成的被包容面）。

由单一尺寸形成的内、外表面如图 1–13 所示。

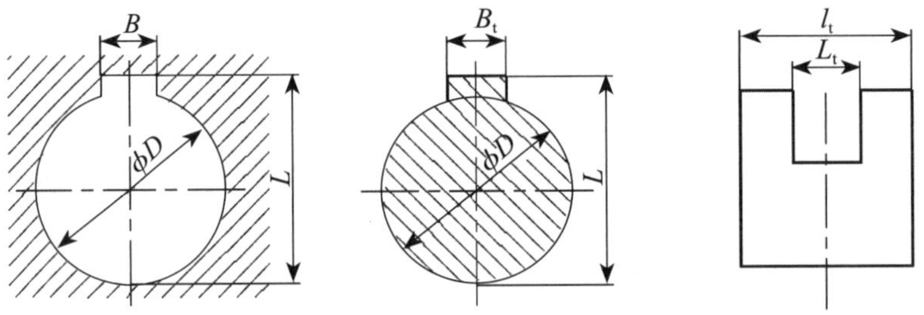

图 1–13　孔与轴

2. 尺寸

尺寸是指用特定单位表示长度值的数字。长度值包括直径、半径、宽度、深度、高度和中心距等。在机械制图中，图样上的尺寸通常以 mm 为单位，在标注时常将单位省略，仅标注数值。当以其他单位表示尺寸时，则应注明相应的长度单位。

（1）公称尺寸。

公称尺寸是由图样规范确定的理想形状要素的尺寸，一般按照标准尺寸系列选取。常用 D 表示孔的基本尺寸，用 d 表示轴的基本尺寸。

（2）实际尺寸。

实际尺寸是指通过测量所得的尺寸。

（3）极限尺寸。

极限尺寸是指允许尺寸变化的两个界限值。孔或轴允许最大的尺寸称为最大极限尺寸，孔或轴允许最小的尺寸称为最小极限尺寸。孔的最大和最小极限尺寸用 D_{max} 和 D_{min} 表示，轴的最大和最小极限尺寸用 d_{max} 和 d_{min} 表示。

3. 公差和偏差

（1）尺寸偏差。

某一尺寸减去其基本尺寸所得的代数差称为尺寸偏差（简称“偏差”）。孔用 E 表示，轴用 e 表示。偏差可能为正或负，也可能为零。

笔记

（2）实际偏差。

实际尺寸减去其基本尺寸所得的代数差称为实际偏差。由于实际尺寸可能大于、小于或等于基本尺寸，因此实际偏差也可能为正、负或零值，不论书写或计算都必须带上正号或负号。

（3）极限偏差。

极限尺寸减去其基本尺寸所得的代数差称为极限偏差。最大极限尺寸减去其基本尺寸所得的代数差称为上偏差（ES、es），最小极限尺寸减去其基本尺寸所得的代数差称为下偏差（EI、ei）。用公式表示如下：

孔

$$\mathrm{ES} = D_{\max} - D,\ \mathrm{EI} = D_{\min} - D$$

轴

$$\mathrm{es} = d_{\max} - d,\ \mathrm{ei} = d_{\min} - d$$

上、下偏差皆可能为正、负或零。

注意：标注和计算偏差时极限偏差前面必须加注“+”或“–”（零除外）。

（4）尺寸公差。

尺寸公差是指允许的尺寸变动量，简称公差，如图 1–14 所示。公差、极限尺寸、极限偏差的关系如下：

孔

$$T_h = D_{\max} - D_{\min} = \mathrm{ES} - \mathrm{EI}$$

轴

$$T_s = d_{\max} - d_{\min} = \mathrm{es} - \mathrm{ei}$$

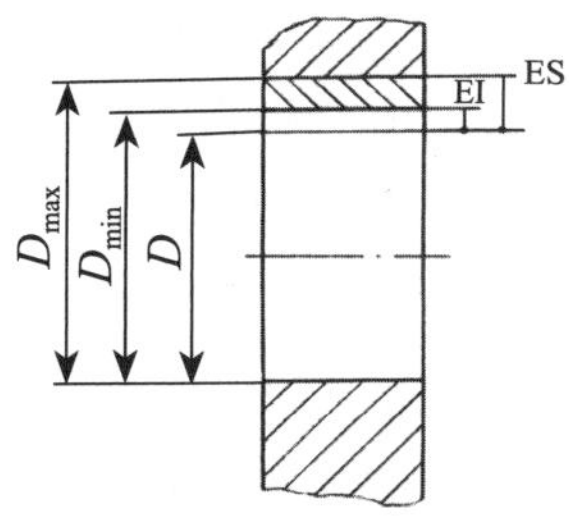

（a）孔

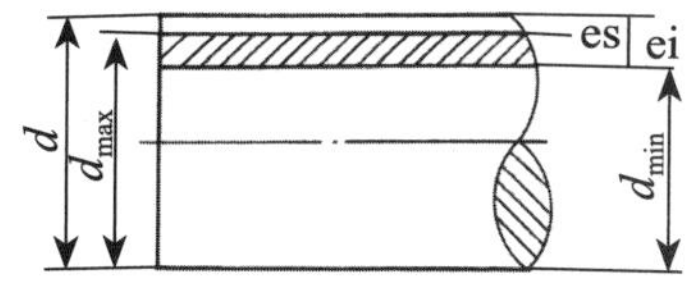

（b）轴

图 1–14　尺寸、偏差与公差

注意事项

公差与偏差是两个不同的概念。公差表示制造精度的要求，反映加工的难易程度；而偏差表示与基本尺寸的远离程度，它表示公差带的位置，影响配合的松紧程度。

（5）尺寸公差带。

公差带表示零件的尺寸相对于其基本尺寸所允许变动的范围。用图所表示的公差带，称为公差带图，如图 1–15 所示。

由于基本尺寸与公差值的大小悬

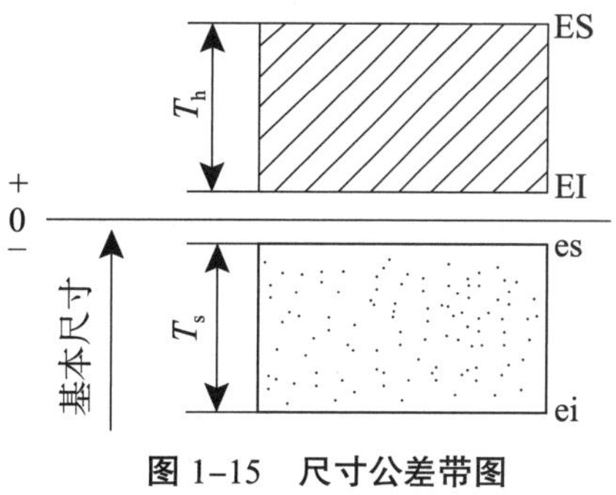

图 1–15　尺寸公差带图

笔记

殊，不便于用同一比例在图上表示，此时可以不必画出孔和轴的全形，而采用简单的公差带图表示，用尺寸公差带的高度和相互位置表示公差大小与配合性质，它由零线和公差带组成。

① 零线。在公差带图中，零线是确定极限偏差的一条基准线，极限偏差位于零线上方表示偏差为正，位于零线下方表示偏差为负，当与零线重合时表示偏差为零。

② 公差带。上、下偏差之间的宽度表示公差带的大小，即公差值。公差带沿零线方向的长度可适当选取。公差带图中，尺寸单位为毫米（mm），偏差及公差的单位也可以用微米（μm）表示，单位省略不写。

4. 配合

配合是指基本尺寸相同、相互结合的孔与轴公差带之间的关系。在孔与轴的配合中，孔的尺寸减去轴的尺寸所得的代数差，其值为正值时称为间隙，其值为负值时称为过盈。

（1）间隙配合。

间隙配合是指具有间隙（包括最小间隙为零）的配合。孔的公差带位于轴的公差带之上，如图 1–16 所示。由于孔和轴的实际尺寸在各自的公差带内变动，因此装配后每对孔、轴间的间隙量也是变动的。

极限间隙、平均间隙及配合公差公式如下：

$$X_{max} = D_{max} - d_{min} = \mathrm{ES} - \mathrm{ei}$$

$$X_{min} = D_{min} - d_{max} = \mathrm{EI} - \mathrm{es}$$

$$X_{av} = (X_{min} + X_{max}) / 2$$

$$T_f = |X_{max} - X_{min}| = T_h + T_s$$

上式表明配合精度（配合公差）取决于相互配合的孔与轴的尺寸精度（尺寸公差），设计时，可根据配合公差来确定孔与轴的公差。

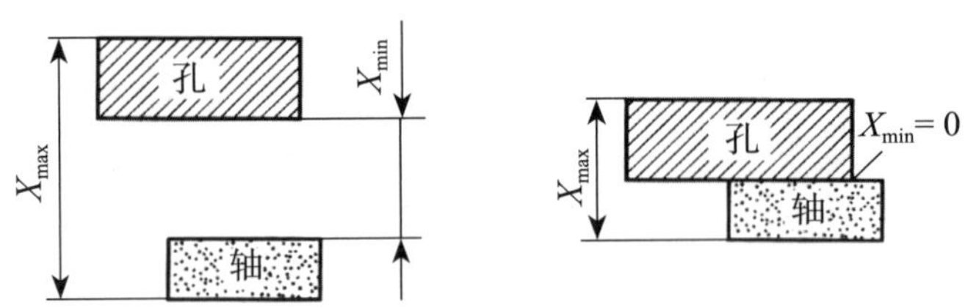

图 1–16　间隙配合

（2）过盈配合。

过盈配合是指具有过盈（包括最小过盈为零）的配合。孔的公差带位于轴的公差带之下，如图 1–17 所示。由于孔和轴的实际尺寸在各自的公差带内变动，因此装配后每对孔、轴间的过盈量也是变动的。

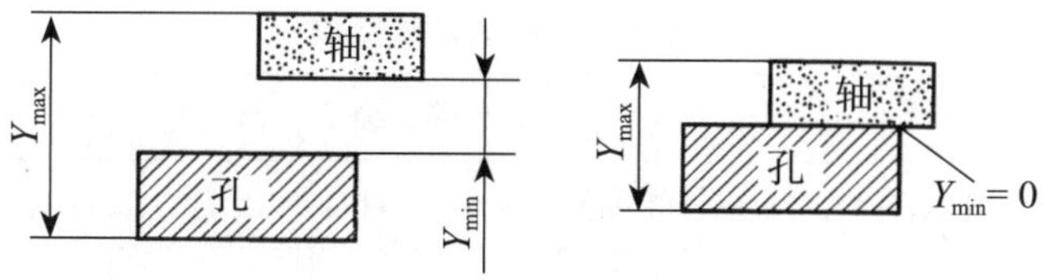

图 1-17　过盈配合

极限过盈、平均过盈及配合公差公式如下：

$$Y_{max}=D_{min}-d_{max}=\mathrm{EI}-\mathrm{es}$$
$$Y_{min}=D_{max}-d_{min}=\mathrm{ES}-\mathrm{ei}$$
$$Y_{av}=(Y_{max}+Y_{min})/2$$
$$T_f=|Y_{max}-Y_{min}|=T_h+T_s$$

（3）过渡配合。

过渡配合是指可能产生间隙或过盈的配合。孔的公差带与轴的公差带相互交叠，如图 1-18 所示。过渡配合中，每对孔、轴的间隙或过盈也是变化的。

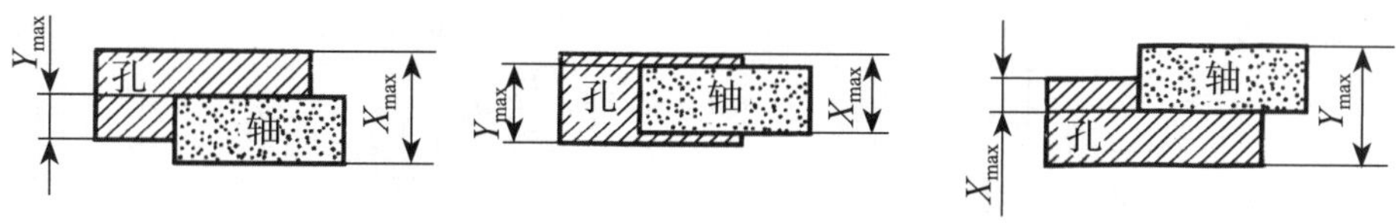

图 1-18　过渡配合

极限间隙（或过盈）、平均间隙（或过盈）及配合公差公式如下：

$$X_{max}=D_{max}-d_{min}=\mathrm{ES}-\mathrm{ei}$$
$$Y_{max}=D_{min}-d_{max}=\mathrm{EI}-\mathrm{es}$$
$$X_{av}(Y_{av})=(X_{max}+Y_{max})/2$$
$$T_f=|X_{max}-Y_{max}|=T_h+T_s$$

二、极限与配合的国家标准

极限与配合的国家标准由（GB/T 1800.1—2009）、（GB/T 1800.2—2009）和（GB/T 1801—2009）三个标准组成。

1. 标准公差系列

确定尺寸精确程度的等级称为公差等级。不同零件和零件上不同部位的尺寸对精确程度的要求往往不同，为了满足生产的需要，国家标准设置了 20 个公差等级，各级标准公差的代号为 IT01、IT0、IT1、IT2、…、IT18。IT01 精度最高，其余依次降低，标准公差值依次增大。

为了减少标准公差的数目、统一公差值，国家标准对基本尺寸进行了分段，对同一尺寸段内所有的基本尺寸，在相同公差等级情况下，规定相同的标准公差。标准公差数值如表 1-1 所示。

网站

查阅：国家标准 GB/T 1800.1—2009、GB/T 1800.2—2009、GB/T 1800.3—2009

笔记

表 1–1　标准公差数值

基本尺寸 / mm		公差等级																	
		IT1	IT2	IT3	IT4	IT5	IT6	IT7	IT8	IT9	IT10	IT11	IT12	IT13	IT14	IT15	IT16	IT17	IT18
大于	至	μm											mm						
—	3	0.8	1.2	2	3	4	6	10	14	25	40	60	0.10	0.14	0.25	0.40	0.60	1.0	1.4
3	6	1	1.5	2.5	4	5	8	12	18	30	48	75	0.12	0.18	0.30	0.48	0.75	1.2	1.8
6	10	1	1.5	2.5	4	6	9	15	22	36	58	90	0.15	0.22	0.36	0.58	0.90	1.5	2.2
10	18	1.2	2	3	5	8	11	18	27	43	70	110	0.18	0.27	0.43	0.70	1.10	1.8	2.7
18	30	1.5	2.5	4	6	9	13	21	33	52	84	130	0.21	0.33	0.52	0.84	1.30	2.1	3.3
30	50	1.5	2.5	4	7	11	16	25	39	62	100	160	0.25	0.39	0.62	1.00	1.60	2.5	3.9
50	80	2	3	5	8	13	19	30	46	74	120	190	0.30	0.46	0.74	1.20	1.90	3.0	4.6
80	120	2.5	4	6	10	15	22	35	54	87	140	220	0.35	0.54	0.87	1.40	2.20	3.5	5.4
120	180	3.5	5	8	12	18	25	40	63	100	160	250	0.40	0.63	1.00	1.60	2.50	4.0	6.3
180	250	4.5	7	10	14	20	29	46	72	115	185	290	0.46	0.72	1.15	1.85	2.90	4.6	7.2
250	315	6	8	12	16	23	32	52	81	130	210	320	0.52	0.81	1.30	2.10	3.20	5.2	8.1
315	400	7	9	13	18	25	36	57	89	140	230	360	0.57	0.89	1.40	2.30	3.60	5.7	8.9
400	500	8	10	15	20	27	40	63	97	155	250	400	0.63	0.97	1.55	2.50	4.00	6.3	9.7

注：基本尺寸小于 1mm 时，无 IT14~IT18。

2. *基本偏差系列*

基本偏差是指零件公差带靠近零线位置的上偏差或下偏差。当公差带位置在零线以上时，其基本偏差为下偏差；当公差带位置在零线以下时，其基本偏差为上偏差。

（1）基本偏差代号。

基本偏差的代号用拉丁字母表示，小写字母代表轴，大写字母代表孔。以轴为例，其排列顺序基本上从 a 依次到 z，在拉丁字母中，除去与其他代号易混淆的 5 个字母 I（i）、L（l）、O（o）、Q（q）、W（w），增加了 7 个双字母代号 CD（cd）、EF（ef）、FG（fg）、JS（js）、ZA（za）、ZB（zb）、ZC（zc），共组成 28 个基本偏差代号。其排列顺序如图 1–19 所示。孔的 28 个基本偏差代号与轴完全相同，用大写字母表示。在图 1–19 中，表示基本尺寸相同的 28 种轴、孔基本偏差相对于零线的位置。图中基本偏差是“开口”的公差带，这是因为基本偏差只是表示公差带的位置，而不表示公差带的大小，其另一端开口的位置将由公差等级来决定。

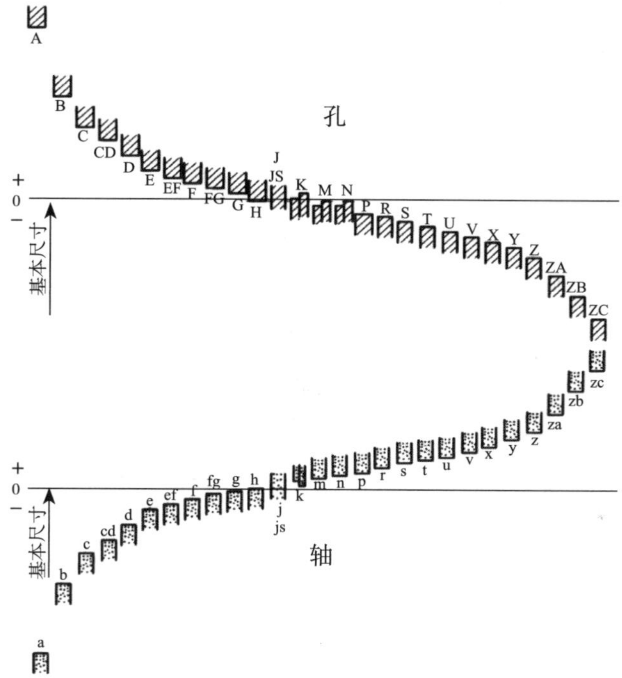

图 1–19　基本偏差系列示意图

（2）基本偏差数值。

基本偏差数值是经过经验公式计算得到的，实际使用时可查表 1–2 和表 1–3。从表 1–2、表 1–3 中可以看到，代号为 H 的孔的基本偏差为下偏差，它总是等于零，称为基准孔；代号为 h 的轴的基本偏差为上偏差，它总是等于零，称为基准轴。

当轴的基本偏差确定后，轴的另一个极限偏差根据下列公式计算：

$$es = ei + T_s \text{ 或 } ei = es - T$$

孔的基本偏差确定后，孔的另一个极限偏差根据下列公式计算：

$$ES = EI + T_h \text{ 或 } EI = ES - T_h$$

三、一般公差——线性尺寸的未标注公差

线性尺寸的一般公差指在普通工艺条件下，机床设备一般加工能力可保证的公差，它代表经济加工精度，主要用于低精度的非配合尺寸。采用一般公差的尺寸，在正常生产能保证的情况下，可不进行检验。

国家标准对线性尺寸的一般公差规定了四个公差等级，即 f（精密级）、m（中等级）、v（粗糙级）和 c（最粗级），具体如表 1–4 所示。

表 1–2

基本尺寸/mm	基本																
	上偏差 es/μm																
	a	b	c	cd	d	e	ef	f	fg	g	h	js	j			k	
	所有公差等级												5~6	7	8	4~7	≤3 >7
≤3	−270	−140	−60	−34	−20	−14	−10	−6	−4	−2	0	偏差等于 $\pm\frac{IT}{2}$	−2	−4	−6	0	0
>3~6	−270	−140	−70	−46	−30	−20	−14	−10	−6	−4	0		−2	−4	—	+1	0
>6~10	−280	−150	−80	−56	−40	−25	−18	−13	−8	−5	0		−2	−5	—	+1	0
>10~14 >14~18	−290	−150	−95	—	−50	−32	—	−16	—	−6	0		−3	−6	—	+1	0
>18~24 >24~30	−300	−160	−110	—	−65	−40	—	−20	—	−7	0		−4	−8	—	+2	0
>30~40 >40~50	−310 −320	−170 −180	−120 −130	—	−80	−50	—	−25	—	−9	0		−5	−10	—	+2	0
>50~65 >60~80	−340 −360	−190 −200	−140 −150	—	−100	−60	—	−30	—	−10	0		−7	−12	—	+2	0
>80~100 >100~120	−380 −410	−220 −240	−170 −180	—	−120	−72	—	−36	—	−12	0		−9	−15	—	+3	0
>120~140 >140~160 >160~180	−460 −520 −580	−260 −280 −310	−200 −210 −230	—	−145	−85	—	−43	—	−14	0		−11	−18	—	+3	0
>180~200 >200~225 >225~250	−660 −740 −820	−340 −380 −420	−240 −260 −280	—	−170	−100	—	−50	—	−15	0		−13	−21	—	+4	0
>250~280 >280~315	−920 −1050	−480 −540	−300 −330	—	−190	−110	—	−56	—	−17	0		−16	−26	—	+4	0
>315~355 >355~400	−1200 −1350	−600 −680	−360 −400	—	−210	−125	—	−62	—	−18	0		−18	−28	—	+4	0
>400~450 >450~500	−1500 −1650	−760 −840	−440 −480	—	−230	−135	—	−68	—	−20	0		−20	−32	—	+5	0

注：① 基本尺寸小于 1mm 时，各级的 a 和 b 均不采用。

② js的数值，对于IT7~IT11，若 IT 的数值（μm）为奇数，则取 js = ±（IT – 1）/ 2。

轴的基本偏差值

偏差													
下偏差 ei/μm													
m	n	p	r	s	t	u	v	x	y	z	za	zb	zc
所有公差等级													
+2	+4	+6	+10	+14	—	+18	—	+20	—	+26	+32	+40	+60
+4	+8	+12	+15	+19	—	+23	—	+28	—	+35	+42	+50	+80
+6	+10	+15	+19	+23	—	+28	—	+34	—	+42	+52	+67	+97
+7	+12	+18	+23	+28	—	+33	— +39	+40 +45	— —	+50 +60	+64 +77	+90 +108	+130 +150
+8	+15	+22	+28	+35	— +41	+41 +48	+47 +55	+54 +64	+63 +75	+73 +88	+98 +118	+136 +160	+188 +218
+9	+17	+26	+34	+43	+48 +54	+60 +70	+68 +81	+80 +97	+94 +114	+112 +136	+148 +180	+220 +242	+274 +325
+11	+20	+32	+41 +43	+53 +59	+66 +75	+87 +102	+102 +120	+122 +146	+144 +174	+172 +210	+226 +274	+300 +360	+405 +480
+13	+23	+37	+51 +54	+71 +79	+91 +104	+124 +144	+146 +172	+178 +210	+214 +256	+258 +310	+335 +400	+445 +525	+585 +690
+15	+27	+43	+63 +65 +68	+92 +100 +108	+122 +134 +146	+170 +190 +210	+202 +228 +252	+248 +280 +310	+300 +340 +380	+365 +415 +465	+470 +535 +600	+620 +700 +780	+800 +900 +1000
+17	+31	+50	+77 +80 +84	+122 +130 +140	+166 +180 +196	+236 +258 +284	+284 +310 +340	+350 +385 +425	+425 +470 +520	+520 +575 +640	+670 +740 +820	+880 +960 +1050	+1150 +1250 +1350
+20	+34	+56	+94 +98	+158 +170	+218 +240	+315 +350	+385 +425	+475 +525	+580 +650	+710 +790	+920 +1000	+1200 +1300	+1550 +1700
+21	+37	+62	+108 +114	+190 +208	+268 +294	+390 +435	+475 +530	+590 +660	+730 +820	+900 +1000	+1150 +1300	+1500 +1650	+1900 +2100
+23	+40	+68	+126 +132	+232 +252	+330 +360	+490 +540	+595 +660	+740 +820	+920 +1000	+1100 +1250	+1450 +1600	+1850 +2100	+2400 +2600

表 1-3

基本尺寸/mm	基本																			
	下偏差 EI/μm																			
	A	B	C	CD	D	E	EF	F	FG	G	H	JS	J			K		M	
	所有的公差等级												6	7	8	≤ 8	>8	≤ 8	>8
≤ 3	+270	+140	+60	+34	+20	+14	+10	+6	+4	+2	0		+2	+4	+6	0	0	−2	−2
>3~6	+270	+140	+70	+36	+30	+20	+14	+10	+6	+4	0		+5	+6	+10	−1+Δ	—	−4+Δ	−4
>6~10	+280	+150	+80	+56	+40	+25	+18	+13	+8	+5	0		+5	+8	+12	−1+Δ	—	−6+Δ	−6
>10~14 >14~18	+290	+150	+95	—	+50	+32	—	+16	—	+6	0		+6	+10	+15	−1+Δ	—	−7+Δ	−7
>18~24 >24~30	+300	+160	+110	—	+65	+40	—	+20	—	+70	0		+8	+12	+20	−2+Δ	—	−8+Δ	−8
>30~40 >40~50	+310 +320	+170 +180	+120 +130	—	+80	+50	—	+25	—	+9	0		+10	+14	+24	−2+Δ	—	−9+Δ	−9
>50~65 >65~80	+340 +360	+190 +200	+140 +150	—	+100	+60	—	+30	—	+10	0		+13	+18	+28	−2+Δ	—	−11+Δ	−11
>80~100 >100~120	+380 +410	+220 +240	+170 +180	—	+120	+72	—	+36	—	+12	0	偏差等于 $\pm\frac{IT}{2}$	+16	+22	+34	−3+Δ	—	−13+Δ	−13
>120~140 >140~160 >160~180	+440 +520 +580	+260 +280 +310	+200 +210 +230	—	+145	+85	—	+43	—	+14	0		+18	+26	+41	−3+Δ	—	−15+Δ	−15
>180~200 >200~225 >225~250	+660 +740 +820	+340 +380 +420	+240 +260 +280	—	+170	+100	—	+50	—	+15	0		+22	+30	+47	−4+Δ	—	−17+Δ	−17
>250~280 >280~315	+920 +1050	+480 +540	+300 +330	—	+190	+110	—	+56	—	+17	0		+25	+36	+55	−4+Δ	—	−20+Δ	−20
>315~355 >355~400	+1200 +1350	+600 +680	+360 +400	—	+120	+150	—	+62	—	+18	0		+29	+39	+60	−4+Δ	—	−21+Δ	−21
>400~450 >450~500	+1500 +1650	+760 +840	+440 +480	—	+230	+135	—	+68	—	+20	0		+33	+43	+66	−5+Δ	—	−23+Δ	−23

注：① 基本尺寸小于 1 mm 时，各级的 A 和 B 及大于 8 级的 N 均不采用。

② JS 的数值，对于 IT7~IT11，若 IT 的数值（μm）为奇数，则取 JS = ±（IT − 1）/ 2。

③ 特殊情况下，当基本尺寸大于 250mm 而小于 315mm 时，M6 的 ES 等于 − 9（不等于 − 11）。

孔的基本偏差值

偏差																				
上偏差ES/μm															Δ/μm					
N		P~ZC	P	R	S	T	U	V	X	Y	Z	ZA	ZB	ZC						
≤8	>8	≤7	>7												3	4	5	6	7	8
−4	−4		−6	−10	−14	—	−18	—	−20	—	−26	−32	−40	−60	0					
−8+Δ	0	在大于7级的相应数值上增加一个Δ值	−12	−15	−19	—	−23	—	−28	—	−35	−42	−50	−80	1	1.5	1	3	4	6
−10+Δ	0		−15	−19	−23	—	−28	—	−34	—	−42	−52	−67	−97	1	1.5	2	3	6	7
−12+Δ	0		−18	−23	−28	—	−33	— −39	−40 −45	— —	−50 −60	−64 −77	−90 −108	−130 −150	1	2	3	3	7	9
−15+Δ	0		−22	−28	−35	— −41	−41 −48	−47 −55	−54 −64	−65 −75	−73 −88	−98 −118	−136 −160	−188 −218	1.5	2	3	4	8	12
−17+Δ	0		−26	−34	−43	−48 −54	−60 −70	−68 −81	−80 −95	−94 −114	−112 −136	−148 −180	−200 −242	−274 −325	1.5	3	4	5	9	14
−20+Δ	0		−32	−41 −43	−53 −59	−66 −75	−87 −102	−102 −120	−122 −146	−144 −174	−172 −210	−226 −274	−300 −360	−400 −480	2	3	5	6	11	16
−23+Δ	0		−37	−51 −54	−71 −79	−92 −104	−124 −144	−146 −172	−178 −210	−214 −254	−258 −310	−335 −400	−445 −525	−585 −690	2	4	5	7	13	19
−27+Δ	0		−43	−63 −65 −68	−92 −100 −108	−122 −134 −146	−170 −190 −210	−202 −228 −252	−248 −280 −310	−300 −340 −380	−365 −415 −465	−470 −535 −600	−620 −700 −780	−800 −900 −1000	3	4	6	7	15	23
−31+Δ	0		−50	−77 −80 −84	−122 −130 −140	−166 −180 −196	−236 −258 −284	−284 −310 −340	−350 −385 −425	−425 −470 −520	−520 −575 −640	−670 −740 −820	−880 −960 −1050	−1150 −1250 −1350	3	4	6	9	17	26
−34+Δ	0		−56	−94 −98	−158 −170	−218 −240	−315 −350	−385 −425	−475 −525	−580 −650	−710 −790	−920 −1000	−1200 −1300	−1500 −1700	4	4	7	9	20	29
−37+Δ	0		−62	−108 −114	−190 −208	−268 −294	−390 −435	−475 −530	−590 −660	−730 −820	−900 −1000	−1150 −1300	−1500 −1650	−1900 −2100	4	5	7	11	21	32
−40+Δ	0		−68	−126 −132	−232 −252	−330 −360	−490 −540	−595 −660	−740 −820	−920 −1000	−1100 −1250	−1450 −1600	−1850 −2100	−2400 −2600	5	5	7	13	23	34

笔记

表 1–4　线性尺寸的未标注极限偏差值　（mm）

公差等级	尺寸分段							
	0.5~3	＞3~6	＞6~30	>30~120	>120~400	>400~1000	>1000~2000	>2000~4000
f	±0.05	±0.05	±0.1	±0.15	±0.2	±0.3	±0.5	—
m	±0.1	±0.1	±0.2	±0.3	±0.5	±0.8	±1.2	±2
v	±0.2	±0.3	±0.5	±0.8	±1.2	±2	±3	±4
c	—	±0.5	±1	±1.5	±2.5	±4	±6	±8

采用一般公差的尺寸，在图样上只标注公称尺寸，不标注极限偏差，在图样或技术文件中用国家标准号和公差等级代号并在两者之间用一短画线隔开表示，如 GB/T 1804—m。

四、极限与配合在图样上的标注

孔、轴公差在零件图上主要标注基本尺寸和极限偏差数值，零件图上尺寸公差的标注方法有三种，如图 1–20 所示。

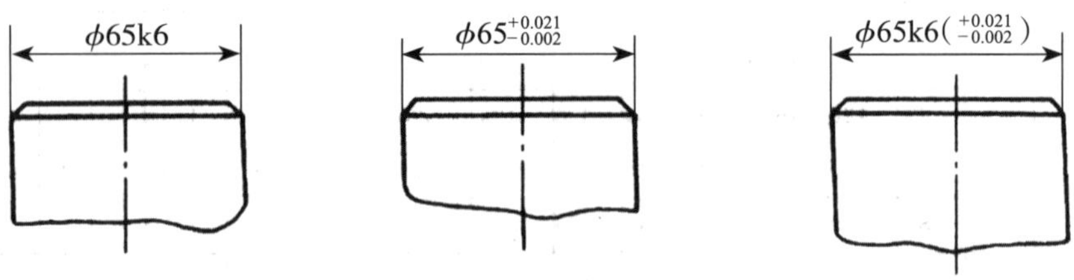

图 1–20　尺寸公差在图样上的标注

装配图上主要标注基本尺寸和配合代号，配合代号即标注孔、轴的偏差代号及公差等级，如图 1–21 所示。

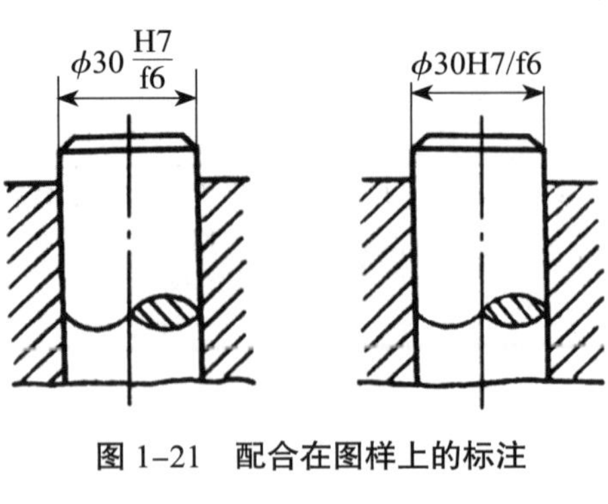

图 1–21　配合在图样上的标注

笔记

五、基准制

1. 基孔制

基孔制是指基本偏差为一定的孔的公差带，与不同的基本偏差的轴的公差带所形成的各种配合的一种制度。

基孔制中的孔称为基准孔，用 H 表示。基准孔的基本偏差为下偏差 EI，且数值为零，即 EI = 0；上偏差为正值，其公差带偏置在零线上侧。

基孔制配合中由于轴的基本偏差不同，使它们的公差带和基准孔公差带形成以下不同的配合情况：

H / a~h—— 间隙配合；

H / js~m—— 过渡配合；

H / n、p—— 过渡或过盈配合；

H / r~zc—— 过盈配合。

2. 基轴制

基轴制是指基本偏差为一定的轴的公差带，与不同基本偏差的孔的公差带形成的各种配合的一种制度。

基轴制中的轴称为基准轴，用 h 表示，基准轴的基本偏差为上偏差 es，且数值为零，即 es = 0。上偏差为负值，其公差带偏置在零线的下侧。

基轴制配合中由于孔的基本偏差不同，形成以下配合：

A~H / h—— 间隙配合；

JS~M / h—— 间隙配合；

N、P / h—— 间隙配合；

R~ZC / h—— 间隙配合。

六、一般、常用和优先公差带与配合

国家标准对基本尺寸≤ 500 规定了 20 个公差等级和 28 种基本偏差，如将任一基本偏差与任一标准公差组合，其孔公差带有 543 个，而轴公差带有 544 个。这么多的公差带都使用，必然导致定制刀具和量具规格繁多。为此，国家标准规定了一般、常用和优先孔用公差带共 105 种，如图 1–22 所示。图中方框内的 44 种为常用公差带，圆圈内的 13 种为优先公差带。

笔记

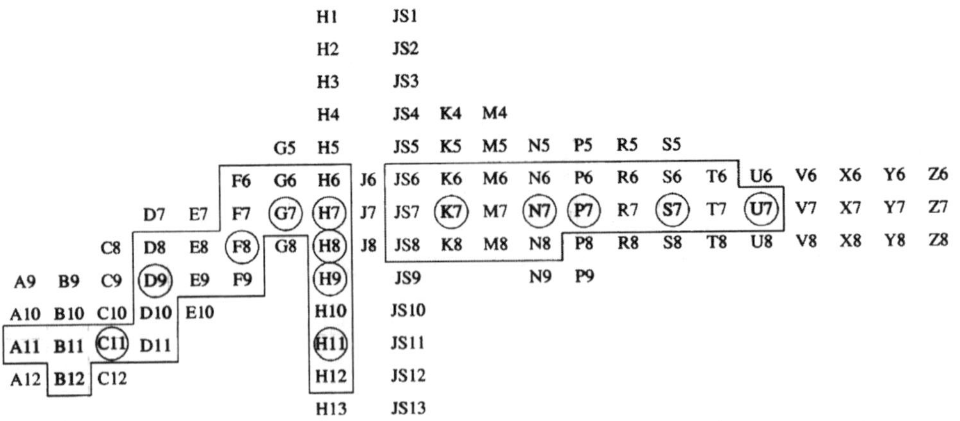

图 1–22　一般、常用和优先孔公差带

国家标准规定了一般、常用和优先轴用公差带共 119 种，如图 1–23 所示。图中方框内的 59 种为常用公差带，圆圈内的 13 种为优先公差带。

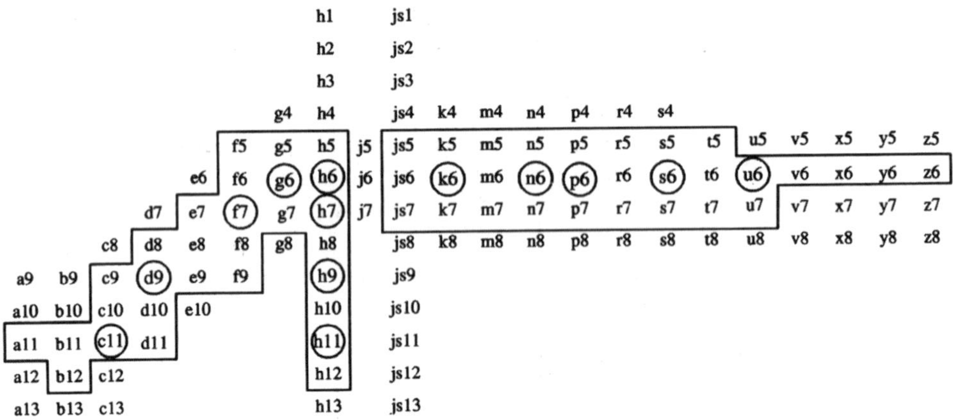

图 1–23　一般、常用、优先轴公差带

在此基础上，国家标准又规定了基孔制常用配合 59 种，优先配合 13 种，如表 1–5 所示，基轴制常用配合 47 种，优先配合 13 种，如表 1–6 所示。

笔记

表 1-5　基孔制优先、常用配合

基准轴	轴																				
	a	b	c	d	e	f	g	h	js	k	m	n	p	r	s	t	u	v	x	y	z
	间隙配合								过渡配合			过盈配合									
H6						$\frac{H6}{f5}$	$\frac{H6}{g5}$	$\frac{H6}{h5}$	$\frac{H6}{js5}$	$\frac{H6}{k5}$	$\frac{H6}{m5}$	$\frac{H6}{n5}$	$\frac{H6}{p5}$	$\frac{H6}{r5}$	$\frac{H6}{s5}$	$\frac{H6}{t5}$					
H7						$\frac{H7}{f6}$	◤$\frac{H7}{g6}$	◤$\frac{H7}{h6}$	◤$\frac{H7}{js6}$	◤$\frac{H7}{k6}$	$\frac{H7}{m6}$	◤$\frac{H7}{n6}$	◤$\frac{H7}{p6}$	$\frac{H7}{r6}$	◤$\frac{H7}{s6}$	$\frac{H7}{t6}$	◤$\frac{H7}{u6}$	$\frac{H7}{v6}$	$\frac{H7}{x6}$	$\frac{H7}{y6}$	$\frac{H7}{z6}$
H8					$\frac{H8}{e7}$	◤$\frac{H8}{f7}$	$\frac{H8}{g7}$	◤$\frac{H8}{h7}$	$\frac{H8}{js7}$	$\frac{H8}{k7}$	$\frac{H8}{m7}$	$\frac{H8}{n7}$	$\frac{H8}{p7}$	$\frac{H8}{r7}$	$\frac{H8}{s7}$	$\frac{H8}{t7}$	$\frac{H8}{u7}$				
				$\frac{H8}{d8}$	$\frac{H8}{e8}$	$\frac{H8}{f8}$		$\frac{H8}{h8}$													
H9			$\frac{H9}{c9}$	$\frac{H9}{d9}$	$\frac{H9}{e9}$	$\frac{H9}{f9}$		◤$\frac{H9}{h9}$													
H10			$\frac{H10}{c10}$	$\frac{H10}{d10}$				$\frac{H10}{h10}$													
H11	$\frac{H11}{a11}$	$\frac{H11}{b11}$	◤$\frac{H11}{c11}$	$\frac{H11}{d11}$				◤$\frac{H11}{h11}$													
H12		$\frac{H12}{b12}$						$\frac{H11}{h12}$													

注：① $\frac{H6}{n5}$，$\frac{H7}{p6}$ 在基本尺寸小于或等于 3mm 和 $\frac{H8}{r7}$ 在基本尺寸小于或等于 100mm 时，为过渡配合。

②标注◤的配合为优先配合。

笔记

表 1-6　基轴制优先、常用配合

基准轴	孔																				
	A	B	C	D	E	F	G	H	JS	K	M	N	P	R	S	T	U	V	X	Y	Z
	间隙配合								过渡配合			过盈配合									
h5						$\frac{F6}{h5}$	$\frac{G6}{h5}$	$\frac{H6}{h5}$	$\frac{JS6}{h5}$	$\frac{K6}{h5}$	$\frac{M6}{h5}$	$\frac{N6}{h5}$	$\frac{P6}{h5}$	$\frac{R6}{h5}$	$\frac{S6}{h5}$	$\frac{T6}{h5}$					
h6						$\frac{F7}{h6}$	◤$\frac{G7}{h6}$	◤$\frac{H7}{h6}$	$\frac{JS7}{h6}$	◤$\frac{K7}{h6}$	$\frac{M7}{h6}$	◤$\frac{N7}{h6}$	◤$\frac{P7}{h6}$	$\frac{R7}{h6}$	◤$\frac{S7}{h6}$	$\frac{T7}{h6}$	◤$\frac{U7}{h6}$				
h7					$\frac{E8}{h7}$	◤$\frac{F8}{h7}$		◤$\frac{H8}{h7}$	$\frac{JS8}{h7}$	$\frac{K8}{h7}$	$\frac{M8}{h7}$	$\frac{N8}{h7}$									
h8				$\frac{D8}{h8}$	$\frac{E8}{h8}$	$\frac{F8}{h8}$		$\frac{H8}{h8}$													
h9				◤$\frac{D9}{h9}$	$\frac{E9}{h9}$	$\frac{F9}{h9}$		◤$\frac{H9}{h9}$													
h10				$\frac{D10}{h10}$				$\frac{H10}{h10}$													
h11	$\frac{A11}{h11}$	$\frac{B11}{h11}$	◤$\frac{C11}{h11}$	$\frac{D11}{h11}$				◤$\frac{H11}{h11}$													
h12		$\frac{B12}{h12}$						$\frac{H12}{h12}$													

注：标注◤的配合为优先配合。

笔记

选用公差带时，应按优先、常用、一般、任意公差带的顺序选用，尤其是优先和常用公差带，它反映了长期生产实践中积累较丰富的使用经验，应尽量选用。表 1–5 和表 1–6 中基轴制有 47 种常用配合、13 种优先配合，基孔制中有 59 种常用配合、13 种优先配合。同理，选择时应优先选用优先配合公差带，其次再选择常用配合公差带。

七、极限与配合的选用

1. 配合制的选用

（1）优先选用基孔制。

优先选用基孔制主要是从经济性考虑的，同时兼顾功能、结构、工艺条件和其他方面的要求。因为从工艺上看，加工中等尺寸的孔，通常用价格较高的扩孔钻、铰刀、拉刀等定尺寸刀具或量具。相比较而言，用一把车刀或砂轮就可以把轴加工成不同尺寸，轴径的测量也采用通用量具。因此，采用基孔制主要是减少定尺寸的刀具、量具的规格和数量，降低生产成本，提高加工的经济性。

（2）特殊结构和原材料选用基轴制。

特殊结构和原材料选用基轴制，如冷拔钢材做轴，不必对轴表面进行切削加工。又如，在同一基本尺寸的轴上需要装配几个具有不同配合的零件时可选用基轴制。

（3）根据标准件选择基准制。

当设计的零件与标准件相配时，基准制的选择应依标准件而定。例如，滚动轴承外圈与孔的配合应选基轴制，滚动轴承内圈与轴的配合应选基孔制。

2. 公差等级的选用

公差等级的选择原则是，在满足使用要求的前提下，尽可能地选用较低的公差等级，以便很好地解决机器零件的使用要求与制造工艺及成本之间的矛盾。

用类比法选择公差等级时，应掌握各个公差等级的应用范围，如表 1–7 所示。表 1–8 列出了各种公差等级的主要应用范围。

表 1–7　公差等级的应用

应用场合	公差等级																			
	01	0	1	2	3	4	5	6	7	8	9	10	11	12	13	14	15	16	17	18
量块																				
量规																				
配合尺寸																				
精密零件																				
非配合尺寸																				
原材料尺寸																				

笔记

表 1-8　各种公差等级的主要应用范围

公差等级	主要应用示例
IT01~IT1	一般用于精密标准量块。IT1 也用于检验 IT6 和 IT7 级轴用量规的校对量规
IT2~IT7	用于检验工件 IT5~IT16 的量规
IT3~IT5（孔为 IT6）	用于精度要求很高的重要配合。例如，机床主轴与精密滚动轴承的配合、发动机活塞销与连杆孔和活塞孔的配合，配合公差很小，对加工要求很高，应用较少
IT6（孔为 IT7）	用于机床、发动机和仪表中的重要配合。例如，机床传动机构中的齿轮与轴的配合，轴与轴承的配合等。配合公差较小，一般精密加工能够实现，在精密机械中广泛应用
IT7、IT8	用于机床和发动机中不太重要的配合，也用于重型机械、农业机械、纺织机械、机车车辆等的重要配合。例如，机床上操纵杆的支承配合等。配合公差中等，加工易于实现，在一般机械中广泛应用
IT9、IT10	主要用于机械制造中轴套外径与孔、单键与花键等
IT11、IT12	多用于各种没有严格要求，只要求便于连接的配合。例如螺栓和螺孔、铆钉和孔等的配合
IT12~IT18	用于非配合尺寸和粗加工的工序尺寸上。例如，手柄的直径、壳体的外形和壁厚尺寸等

用类比法选择公差等级时，除参考以上各表外，还应注意以下问题。

（1）联系孔和轴的工艺等价性。

孔和轴的工艺等价性是指孔和轴应有相同的加工难易程度。在公差等级≤IT8 时，中小尺寸的孔加工比同尺寸、同等级的轴加工要困难，加工成本要高些，其公差等级应按优先常用配合孔、轴相差一级选用；公差等级＞8 级的孔、轴加工难易程度相当，可以同级配合使用。

（2）联系相配件的精度。

联系相配件的精度，如与滚动轴承相配合的外壳孔和轴径的公差等级取决于相配件滚动轴承的公差等级，与齿轮孔配合的轴的公差等级要与齿轮精度相适应。

（3）满足使用要求的前提下，尽可能取低的精度等级，以便降低成本。

步骤六　数据处理与分析

做一做

将测得的 $\phi45^{+0.02}_{-0.08}$、$\phi55^{+0.021}_{-0.006}$、$\phi58^{+0.010}_{-0.007}$ 外圆尺寸、键槽深度 $39.5^{0}_{-0.2}$ 等尺寸

笔记

填入任务报告单中，并进行数据处理，判断零件尺寸是否合格。

数据处理与分析提示如下。

（1）$\phi45^{+0.02}_{-0.08}$、键槽深度 $\phi39.5^{0}_{-0.2}$ 及各长度尺寸。

利用公式 $\overline{x}=\dfrac{x_1+x_2+\cdots+x_n}{n}=\dfrac{\sum_{i=1}^{n}x_i}{n}$ 求出其平均值作为测得尺寸，与该处的图纸要求的上、下极限尺寸进行比较，判断尺寸是否合格。

（2）$\phi55^{+0.021}_{-0.006}$、$\phi58^{+0.010}_{-0.007}$ 等重要部位的外圆尺寸。

① 计算算术平均值 $\overline{x}$；

② 计算残余误差 v_i；

③ 计算标准偏差 σ；

④ 判断粗大误差；

⑤ 计算剔除粗大误差后的算术平均值 $\overline{x'}$；

⑥ 计算剔除粗大误差后的残差；

⑦ 计算剔除粗大误差后的标准偏差 σ'；

⑧ 判断粗大误差；

⑨ 计算标准偏差 $\sigma_{\overline{x'}}$；

⑩ 计算极限误差 $\delta_{\lim(\overline{x})}$；

⑪ 测量结果 $x=\overline{x'}\pm\delta_{\lim(\overline{x})}$；

⑫ 与该处的图纸要求的上、下极限尺寸进行比较，判断尺寸是否合格。

相关知识

一、测量误差

测量误差是指测量结果与被测量真值之差。

1. 绝对误差 δ

绝对误差 δ 是测量结果（x）与被测量真值（x_0）之差，即

$$\delta=x-x_0$$

绝对误差 δ 只能反映同一尺寸的测量精度，评定不同尺寸的测量精度就需要用到相对误差。

2. 相对误差 ε

相对误差是测量的绝对误差与被测量真值（x_0）之比。由于测量结果近似于真值，因此相对误差又可近似地用绝对误差与测量结果的比值表示。

$$\varepsilon=\frac{|\delta|}{x_0}=\frac{|\delta|}{x}$$

笔记

相对误差是一个没有单位的数值，通常用百分数（%）表示。

例如，有两个测得值，x_1 = 1000mm，x_2 = 100mm。对两者测量的绝对误差值大小相同，$\delta_1 = \delta_2$ = 0.01mm，由绝对误差表示不出它们精度的差别，用相对误差表示时，ε_1 = 0.001%，ε_2 = 0.01%，显然前者的测量精度高于后者。

3. 测量误差产生的原因

（1）测量装置方面。测量器具、夹具本身在设计、装配、制造和使用中不准确引起的误差，综合反映为示值误差和测量时示值的变化性影响测量结果。

（2）测量方法方面。由于选择的测量方法和定位方式不完善，对测量结果造成影响。

（3）测量环境方面。指在环境不符合标准状态时引起的测量误差，测量环境包括温度、湿度、振动等因素，其中以温度的影响最大。

（4）测量人员方面。测量人员主观因素和操作技术所引起的测量误差。

二、测量误差的类型

误差按性质可分为随机误差、系统误差和粗大误差三类。

1. 随机误差

随机误差是在同一条件下，多次重复测量同一量值时，误差的绝对值大小和符号以不可预定的方式变化的误差。但人们通过大量的实践和观测，发现它也有一定的规律，即随机误差的分布是符合统计规律的，如正态分布规律、均匀分布规律等。

随机误差是由许多未确切掌握的微小因素构成的，所以其数值通常很小。

任何一次测量中，只要灵敏度足够高，就不可避免地会产生随机误差；同一测量条件下，多次测量同一量时，随机误差通常有相互抵偿的性质，可以用取算术平均值的方法，减少随机误差对测量结果的影响。

2. 系统误差

系统误差是指在相同条件下，多次测量同一量时，误差的绝对值和误差方向保持不变或按一定规律变化。前者称为定值系统误差，后者为变值系统误差。

系统误差的产生与测量器具性能、测量方法、环境温度等有关，如测量器具刻度盘分度不准确，就会造成读数偏大或偏小，产生定值系统误差；温度、气压等环境因素的变化则可能产生变值系统误差。

与随机误差相比，系统误差数值较大，对测量结果的影响也大。

3. 粗大误差

粗大误差是由于测量过程中存在条件突变或错误（误操作、误观察、误记

笔记

录等）而引起的，粗大误差会显著影响测量结果，应从测量结果中予以剔除。

三、测量误差的数据处理

误差处理的目的是减少其对测量结果的影响。

1. 随机误差的处理

（1）随机误差的特性。

随机误差是一种随机变量，所有可按概率统计的方法计算其概率分布的数字特征。

随机误差一般遵循正态分布。正态分布的密度函数为

$$y=\frac{1}{\sigma\sqrt{2\pi}}e^{-\frac{\sigma^2}{2\sigma^2}}$$

式中　σ——标准偏差；

e——自然对数的底（$e=2.71828\cdots\cdots$）；

δ——随机误差，它是在没有系统误差的条件下，测得值 x_i 与真值 x_0 之差（$\delta_i=x_i-x_0$）。

根据误差理论，随机误差的标准偏差 σ 的数学表达式为

$$\sigma=\sqrt{\frac{\delta_1^2+\delta_2^2+\cdots+\delta_n^2}{n}}=\sqrt{\frac{\sum_{i=1}^{n}\delta_i^2}{n}}$$

式中　δ_1，δ_2，$\cdots$，δ_n——标准偏差；

n——测量次数。

对于服从正态分布的随机误差具有以下四种特性。

① 绝对值相等的正误差与负误差出现的次数相等，称为误差的对称性。

② 绝对值小的误差比绝对值大的误差出现的次数多，称为误差的单峰性。

③ 在一定测量条件下随机误差的绝对值不会超出一定的界限，称为误差的有界性。

④ 随着测量次数的增加，随机误差的算术平均值趋于零，称为误差的抵偿性。

（2）随机误差的评定指标。

① 算术平均值 $\bar{x}$。

算术平均值 $\bar{x}$ 是测量列中的 n 个测量值的代数和除以测量次数 n。

$$\bar{x}=\frac{x_1+x_2+\cdots+x_n}{n}=\frac{\sum_{i=1}^{n}x_i}{n}$$

② 残余误差 v_i。

笔记

残余误差 v_i 指测量列中一个测得值和该测量列的算术平均值 $\bar{x}$ 之差

$$v_i = x_i - \bar{x}$$

③ 标准偏差 σ。

标准偏差 σ 是表征对同一被测量进行 n 次测量所得值的分散程度的参数，由于 δ_i 是未知量，所以时间测量时常用残余误差 v_i 代替 δ_i，不用式（1–4）求 σ 值，而是用贝塞尔（Bessel）公式求出 σ 的估算值。

$$\sigma = \sqrt{\frac{\sum_{i=1}^{n} v_i^2}{n-1}} = \sqrt{\frac{\sum_{i=1}^{n} (x_i - \bar{x})^2}{n-1}}$$

④ 算术平均值 $\bar{x}$ 的标准偏差 $\sigma_{\bar{x}}$。

$$\sigma_{\bar{x}} = \frac{\sigma}{\sqrt{n}} = \sqrt{\frac{\sum_{i=1}^{n} v_i^2}{n(n-1)}}$$

⑤ 算术平均值的极限误差 $\delta_{\lim(\bar{x})}$。

对于有限次测量来说，随机误差超出 $\pm 3\sigma$ 范围的可能性可以当作零，因此可将 $\delta_{\lim} = \pm 3\sigma$ 看作单次随机误差的极限值，同理

$$\delta_{\lim(\bar{x})} = \pm 3\sigma_{\bar{x}}$$

测量结果可表示为

$$\bar{x} + \delta_{\lim(\bar{x})} = \bar{x} + 3\sigma_{\bar{x}} = \bar{x} + 3\frac{\sigma}{\sqrt{n}}$$

由上式可知，增加测量次数可提高测量的精密度。但当 $n > 20$ 后，增加测量次数对提高测量精密度效果不大，故一般取 $n = 10 \sim 15$。

（3）随机误差的处理方法。

随机误差的处理办法是利用测量列计算有关的评定指标，确定出随机误差的极限范围，进而写出测量结果。

如用单个测得值 x_i（测量列中任意一个）表示测量结果，则可写为

$$x = x_i \pm 3\sigma$$

如用算术平均值表示测量结果，则可写为

$$x = \bar{x} \pm 3\sigma_{\bar{x}}$$

2. 系统误差的特性与处理方法

（1）定值系统误差。

定值系统误差是指全部测量过程中误差的绝对值大小和符号均保持不变的误差。例如，用比较仪测量零件时，调整仪器所用的量块误差，对各次测量结果的影响是相同的。这种误差可用修正法从测量结果中消除。

（2）变值系统误差。

变值系统误差是全部测量过程中误差的绝对值大小和符号是按某一确定的规律变化的，如指示表的表盘安装偏心所引起的示值误差是按正弦规律作周期变化的。测量中可用抵消法消除。

3. 粗大误差的特性及处理办法

粗大误差数值较大，使测量结果严重失真，应从测量数据中剔除。测量数据中是否包含粗大误差，则需要用统计学的方法来判别，通常用拉依达准则（3σ 准则）来判断。

该准则认为，当测量列服从正态分布时，残差落在 $\pm 3\sigma$ 范围外的概率仅为 0.27%，即 370 次测量中只有一次测量的残差超出 $\pm 3\sigma$。实际上重复测量次数不会超过 370 次，测量列中不应该有超出 $\pm 3\sigma$ 的残差。

因此，当测量列中出现大于 $\pm 3\sigma$ 的残差时，即 $|v_i| > 3\sigma$，则认为残差对应的测量值含有粗大误差，应予以剔除。剔除具有粗大误差的测得值后，应根据剩下的测得值重新计算 σ，然后根据 3σ 准则判断是否还有粗大误差。每次只能剔除一个，直到剔除完为止。

巩固与拓展

一、知识巩固

对照本任务知识体系图，梳理自己所掌握的知识点，并与同学相互交流、研讨对长度测量各知识点的理解。

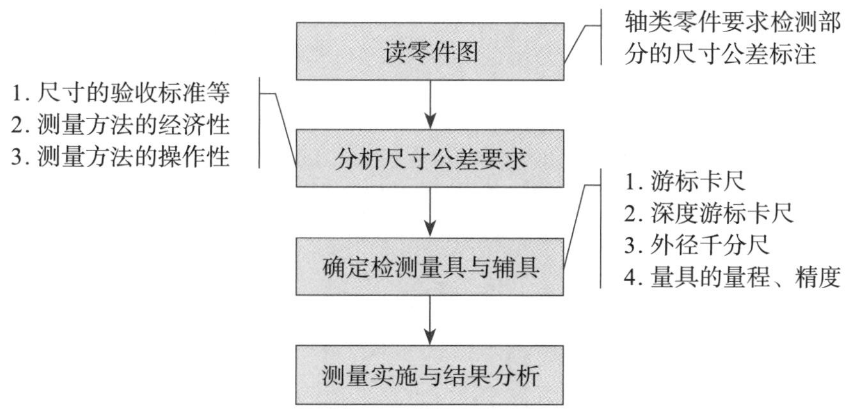

图 1–24　本任务知识体系

笔记

二、拓展任务

利用给定的如下工具：$\phi 12 \sim \phi 50$mm的钢球若干，0~50mm螺旋千分尺一把，0~300mm高度游标卡尺一把，用间接测量的方法完成图1–25所示工件内径的测量，并与直接测量所得的结果进行比较。

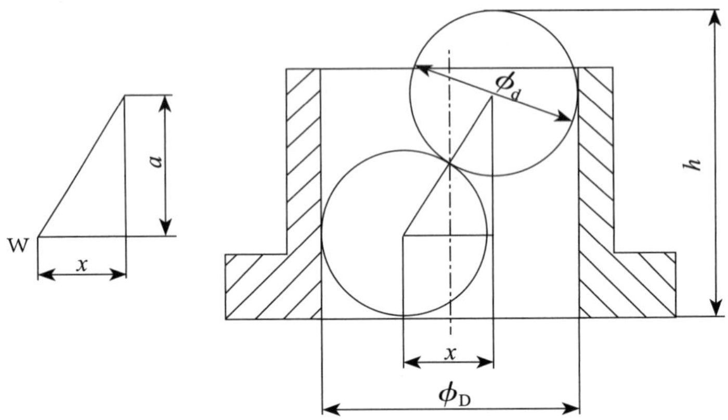

图 1–25　二球法测量工件内径

提示：所需诱导公式如下：（钢球直径为 ϕ_d=d）

$a = h - d$

$d^2 = x^2 + a^2$

$x = \sqrt{d^2 - a^2}$

$D = \sqrt{d^2 - a^2} + d$

笔记

任务二
几何公差的检测

任务目标

通过学习本任务，学生应达到如下目标：

☐ 掌握几何公差识读的基本知识；

☐ 熟悉几何公差的常用量具与检测方法；

☐ 掌握常见的几何公差检验量具，尤其是指示类量具的使用方法；

☐ 能合理选择相关量具，完成减速器输出轴零件的几何公差检测。

任务描述

● 任务内容

选用合适的测量工具，测量如图 1–1 所示减速器输出轴要求的几何公差，掌握偏摆检查仪、千分表、杠杆千分表等相关几何公差测量工具的使用方法，合理分析测量误差，并科学处理测量结果。

注意：被测对象可根据学校实际情况另行选择合适的零件。

● 实施条件

☐ 生产车间或实训基地，供学生见习、了解各种常用几何公差检测工具与仪器设备。

☐ 偏摆检查仪、千分表、杠杆千分表等几何公差测量工具。

程序与方法

步骤一　检测要求分析

做一做

仔细阅读图 1–1 减速器输出轴零件图，查阅相关资料，掌握其几何公差

笔记

要求的含义，从功能上分析这些要求提出的依据，并进行交流。

减速器输出轴几何公差测量要求分析如下。

图样上零件的几何公差要求有两种表示方法：一种是用公差框格的形式在图样上标注，另一种是图样上不标注几何公要求。但是无论标准与否，零件都有几何精度要求。

对于标注的几何公差，主要应正确选择公差特征项目、基准、公差数值（或公差等级）和公差原则等。

几何公差项目一般是根据零件的几何特征、使用要求和经济性等方面因素综合考虑确定的。在保证零件的功能要求的基础上，应尽量使几何公差项目减少、检测方法简单并能获得较好的经济效益。

下面这些几何公差要求是我们可以从图纸上直接读到的。

（1）ϕ55 轴颈为了保证与轴承的配合性质，规定了对基准轴线 A—B 的径向圆跳动公差（0.025mm），对圆柱度提出了进一步的要求（0.005mm）。

（2）中间 ϕ58 轴头处安装齿轮，为了保证齿轮的运动精度，规定了对基准轴线 A—B 的径向圆跳动公差（0.025mm）。

（3）ϕ45 的轴头部分安装皮带轮，规定了对基准轴线 A—B 的径向圆跳动公差（0.025mm）。

（4）ϕ62 处两轴肩都是止推面，对配合件起定位作用，要求保证对基准轴线 A—B 的端面圆跳动公差（0.015mm）。

（5）由于键槽的实际中心面在径向产生偏移和轴向产生倾斜，造成键槽的对称度误差，应分别规定轴槽和轮毂槽对轴线的对称度公差。对称度公差按国家标准选取，根据不同要求一般取 7~9 级。键槽的对称度公差的主参数是指键宽。

图 1–1 中，键槽的对称度公差等级选择了 8 级，所以两键槽的对各自轴线的对称度公差要求为 0.02mm。

学点历史

加工后的零件不仅有尺寸误差，构成零件几何特征的点、线、面的实际形状或相互位置与理想几何体规定的形状和相互位置还不可避免地存在差异，这种形状上的差异就是形状误差，而相互位置的差异就是位置误差，统称为形位误差。根据 GB/T 1182—2008 已改为新术语几何公差，几何公差包括形状公差和位置公差。

笔记

任何零件都是由点、线、面构成的，这些点、线、面称为要素。机械加工后零件的实际要素相对于理想要素总有误差，包括形状误差和位置误差。这类误差影响机械产品的功能，设计时应规定相应的公差并按规定的标准符号标注在图样上。20 世纪 50 年代前后，工业化国家就有形位公差标准。国际标准化组织（ISO）于 1969 年公布形位公差标准，1978 年推荐了形位公差检测原理和方法。中国于 1980 年颁布形状和位置公差标准，其中包括检测规定。形状公差和位置公差简称为形位公差。

相关知识

一、几何要素

几何要素（简称要素）是指构成零件几何特征的点、线和面。零件的球面、圆锥面、圆柱面、平面、轴线、素线和球心等如图 2–1 所示。几何要素可按不同特征分类，具体如表 2–1 所示。

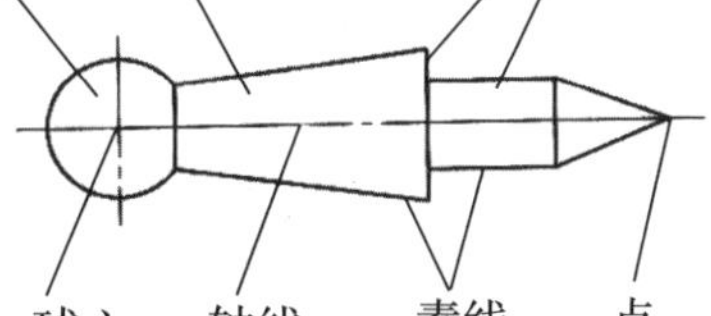

图 2–1　零件的几何要素

表 2–1　几何要素的分类

分类方法	分类	含义
结构特征	组成要素	构成零件轮廓的点、线或面要素
	导出要素	组成要素对称中心所表示的点、线、面要素
存在状态	实际要素	零件上实际存在的要素称为实际要素。通常用测量得到的要素来代替实际要素
	理想要素	具有几何学意义的要素称为理想要素。它们是不存在任何误差的纯几何的点、线、面
所处地位	被测要素	给出了形状或（和）位置公差要求的要素称为被测要素，也就是需要研究和测量的要素
	基准要素	用来确定被测要素理想方向或（和）位置的要素称为基准要素
功能要求	单一要素	指仅对其本身给出形状公差要求的要素，与其他要素无功能关系
	关联要素	指与基准要素有功能关系并给出位置公差要求的要素

笔记

二、几何公差的标注

按照国家标准的规定，在图样上标注几何公差时，应采用代号标注；无法采用代号标注时，允许在技术条件中用文字说明。

几何公差的代号包括几何公差特征项目的符号、框格、指引线、公差数值、基准符号以及其他有关符号。

1. 几何公差特征项目及其符号

几何公差特征项目共有 14 个，各项目的名称及符号如表 2–2 所示。几何公差的标注包括公差框格、被测要素指引线、公差特征符号、几何公差值及其有关符号、基准符号和相关要求符号等。标注中的其他符号如表 2–3 所示。

表 2–2　几何公差的分类和基本符号

公差		特征项目	符号	基准要求
形状公差		直线度	—	无
		平面度	⏥	无
		圆　度	○	无
		圆柱度	⌭	无
形状或位置		线轮廓度	⌒	有或无
		面轮廓度	⌓	有或无
位置公差	定　向	平行度	//	有
		垂直度	⊥	有
		倾斜度	∠	有
	定　位	位置度	⌖	有或无
		同轴（同心）度	◎	有
		对称度	⌯	有
	跳　动	圆跳动	↗	有
		全跳动	⌰	有

表 2–3　标注中的其他符号

说明		符号	说明	符号
被测要素的标注	直接		最大实体要求	Ⓜ
	用字母	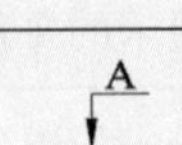	最小实体要求	Ⓛ

笔记

续表

说明	符号	说明	符号
基准要素的标注	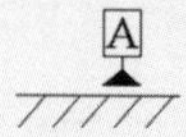	可逆要求	Ⓡ
基准目标	Ø1/A1	包容要求	Ⓔ
理论正确尺寸	50	延伸公差带	Ⓟ

2. 标注原则

几何公差代号由两格或多格的矩形方框组成，且在从左至右的格中依次填写几何公差特征项目符号、几何公差值、基准符号和其他附加符号等。

几何公差方框只有第一、二格，分别填写公差特性符号、公差值及有关符号（如公差带是圆形或圆柱形的直径时公差值前加注 ϕ，如为球形公差带则加注 s）。位置公差方框根据功能要求可增至 3~5 格，用来填写表示基准或基准体系的字母和有关符号。当一个以上要素作为被测要素，如 6 个要素，应在框格上方标明，如“6 ×”“6 槽”。另外，对同一要素有一个以上的公差项目要求时，可将一个框格放在另一个框格的下面。

被测要素由指引线与几何公差代号相连。指引线用细实线，可用折线，弯折不能超过两次。其一端接方框，另一端画上箭头，并垂直指向被测要素或其延长线。当箭头正对尺寸线时，被测要素是中心要素，否则为轮廓要素。

当多个被测要素有相同的几何公差（单项或多项）要求时，可以在从框格引出的指引线上绘制多个指示箭头，并分别与被测要素相连。

当同一个被测要素有多项几何公差要求时，其标注方法又是一致时，可将这些框格绘制在一起，并引用一根指引线。

零件若有位置公差要求，在图样上必须标明基准代号，并在方框中注出基准代号的字母。如图 2–2 所示，基准代号旧的标注形式为由黑粗短线（基准符号）、连线和带大写字母的圆圈组成，新的标注形式由黑色三角或空心三角、连线和带大写字母的方框组成。

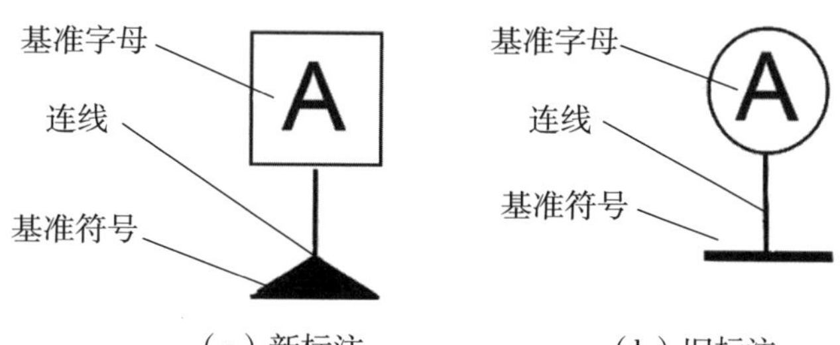

（a）新标注　　（b）旧标注

图 2–2　新、旧标注基准代号及标注

笔记

无论基准代号的方向如何，其字母必须水平填写，不得采用字母 E、I、J、M、O、P、R，大写字母 E、I、J、M、P、R 在几何公差中另有含义。

三、几何公差的公差带

几何公差带是用来限制被测要素变动的区域。它是一个几何图形，只要被测要素完全落在给定的公差带内，就表示该要素的形状和位置误差符合要求。

几何公差带具有形状、大小、方向和位置四要素。公差带的形状由被测要素的理想形状和给定的公差特征项目所确定。常见的几何公差带的形状如图 2–3 所示。

公差带的大小是由公差值 t 确定的，指的是公差带的宽度或直径。

几何公差带的方向和位置有两种情况：公差带的方向或位置可以随实际被测要素的变动而变动，没有对其他要素保持一定几何关系的要求，这时公差带的方向或位置是浮动的；若几何公差带的方向或位置必须和基准要素保持一定的几何关系，则被认为是固定的。所以，位置公差（标有基准）的公差带的方向和位置一般是固定的，形状公差（未标基准）的公差带的方向和位置一般是浮动的。

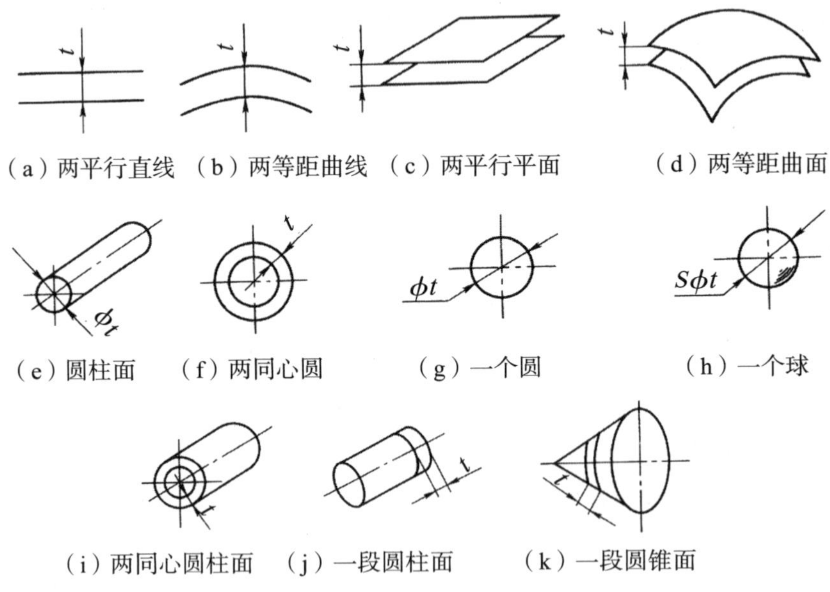

（a）两平行直线　（b）两等距曲线　（c）两平行平面　（d）两等距曲面

（e）圆柱面　（f）两同心圆　（g）一个圆　（h）一个球

（i）两同心圆柱面　（j）一段圆柱面　（k）一段圆锥面

图 2–3　几何公差带的形状

四、几何公差带的标准与功用

1. *形状公差*

形状公差是指单一实际要素的形状所允许的变动全量。形状公差带是限制实际被测要素变动的一个区域。典型的形状公差带如表 2–4 所示。

表 2–4　形状公差带的定义、标注和解释、测量方案

特征	定义	标注和解释	测量方案
直线度	在给定平面内，公差带是距离为公差值 t 的两平行直线之间的区域 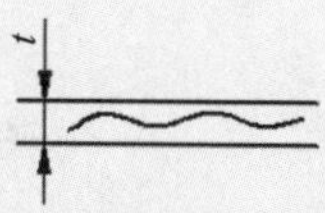	被测圆柱面与任一轴向截面的交线（平面线）必须位于该平面内距离为 0.1mm 的两平行直线之间 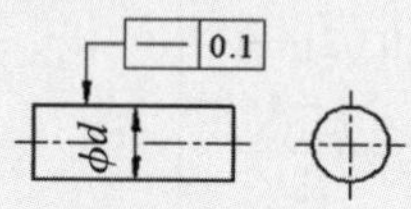	使平尺与被测素线相接触，并使两者的最大间隙为最小，此时平尺与素线间的最大间隙便为该条素线的直线度误差。按上述方法测量若干条素线，取其中最大值作为该零件素线的直线度误差 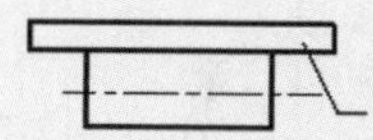
	在给定方向上，公差带是距离为公差值 t 的两平行平面之间的区域 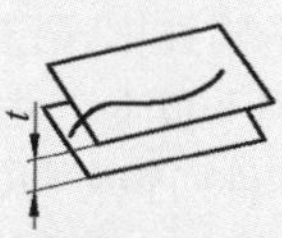	被测表面的各条素线必须位于距离为 0.1mm 的两平行平面之间 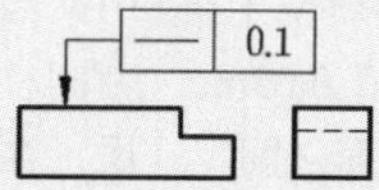	使平尺与被测表面相接触，并使两者的最大间隙为最小，此时平尺与表面间的最大间隙便为该表面的直线度误差。按上述方法测量若干次，取其中最大值作为该零件表面的直线度误差 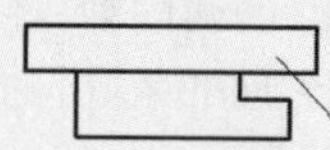
	如在公差值前加注 ϕ，则公差带是直径为 t 的圆柱面内的区域 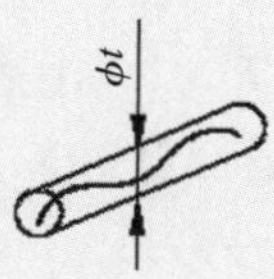	被测圆柱体的轴线必须位于直径为 0.08mm 的圆柱面内 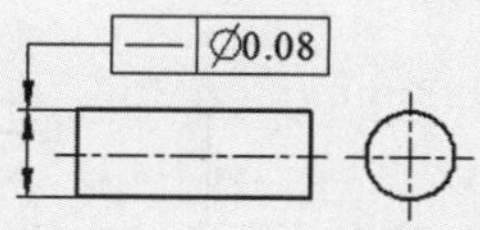	将零件安装在精密分度的顶尖上。被测零件旋转一周，测得同一横截面的半径差，同时绘制极坐标并求出该轮廓的圆心；测量若干个截面，连接各圆心得到零件实际轴线，通过数据处理求出轴线直线度误差 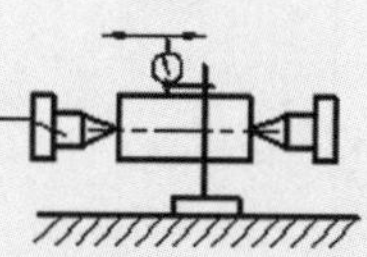
平面度	公差带是距离为公差值 t 的两平行平面之间的区域 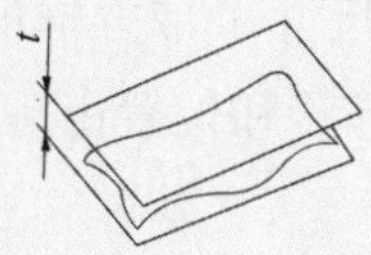	被测表面必须位于距离为公差值 0.06mm 的两平行平面之间 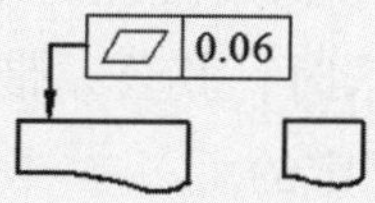	将被测零件支撑在平板上，调整平面上最远的三点与平板等高，然后按一定的布点测量被测表面，取指示仪最大与最小读数差作为该平面的平面度误差 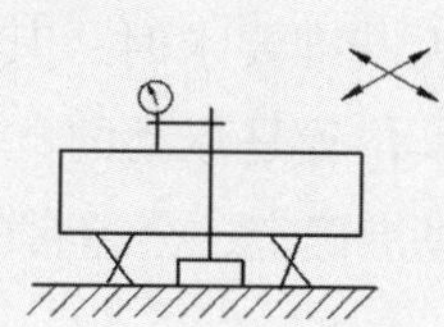

笔记

续表

特征	定义	标注和解释	测量方案
圆度	公差带是在同一正截面上，半径差为公差值 t 的两同心圆之间的区域 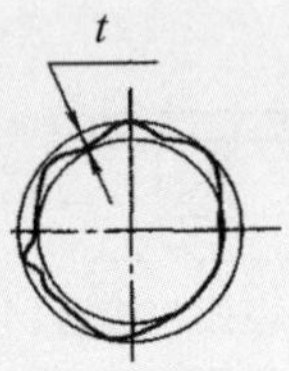	被测圆柱面任一正截面的圆周必须位于半径差为公差值 0.02mm 的两同心圆之间 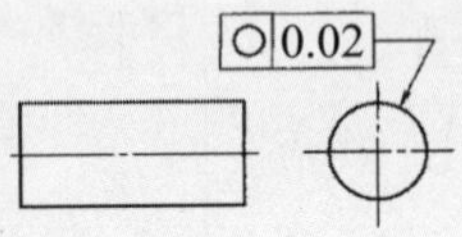	用两点法测量圆度误差的方法为：被测零件回转一周过程中，指示器读数的最大差值的一半为该截面的圆度误差，测量若干个截面取其最大值作为该零件的圆度误差。此方法适用于有偶数棱的形状误差，奇数棱时采用三点法测量 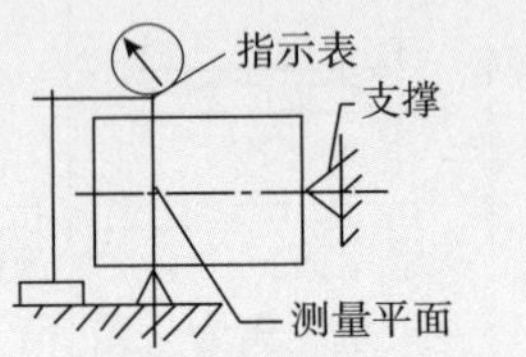
圆柱度	公差带是半径差为公差值 t 的两同轴圆柱面之间的区域 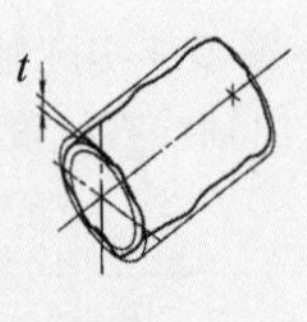	被测圆柱面必须位于半径差为公差值 0.05mm 的两同轴圆柱面之间 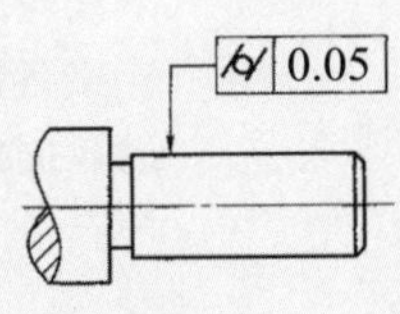	用两点法测量圆柱度误差时，将被测圆柱面放到平板上，并紧靠直角尺，在被测零件回转一周的过程中，指示器读数的最大差值的一半为该截面内的圆柱度误差。测量若干个截面，取最大值作为该零件的圆柱度误差，此法只测量有偶数棱的圆柱度误差，对于奇数棱用三点法测量 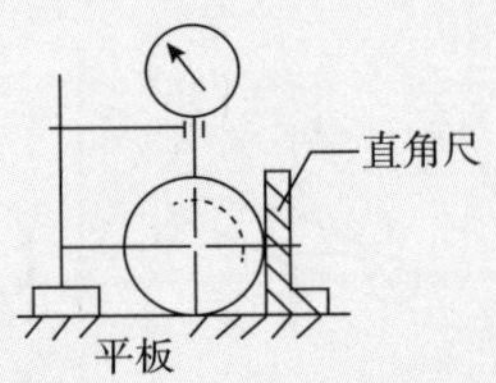

形状公差带的特点是不涉及基准，其方向和位置随实际要素不同而浮动。

2. *轮廓度公差*

轮廓度公差分为线轮廓度和面轮廓度两种。轮廓度无基准要求时为形状公差，有基准要求时为位置公差。轮廓度公差带的定义和标注示例如表 2-5 所示。无基准要求时，其公差带的形状只由理论正确尺寸（带方框的尺寸）确定，其位置是浮动的；有基准要求时，其公差带的形状和位置由理论正确尺寸和基准确定，公差带的位置是固定的。

笔记

表 2–5　轮廓度公差带的定义、标注和解释、测量方案

	定义	标注和解释	测量方案
线轮廓度	公差带是包络一系列直径为公差值 t 的圆的两包络线之间的区域，诸圆的圆心位于具有理论正确几何形状的轮廓线上 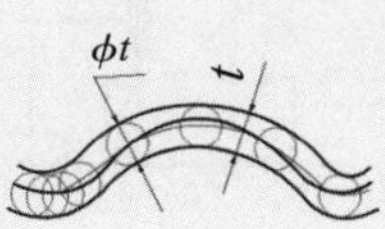	在平行于图样所示投影面的截面上，被测轮廓线必须位于包络一系列直径为公差值 0.04mm，且圆心位于具有理论正确几何形状的轮廓线上的两包络线之间 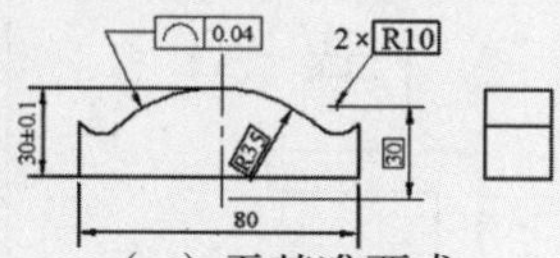 （a）无基准要求 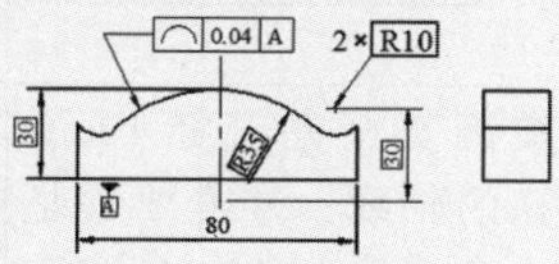 （b）有基准要求	按较高的精度制作轮廓样板，按规定的方向放置在被测零件上，根据光隙法估读间隙的大小，取最大间隙作为该零件的线轮廓度误差，有基准要求时用坐标测量机进行测量 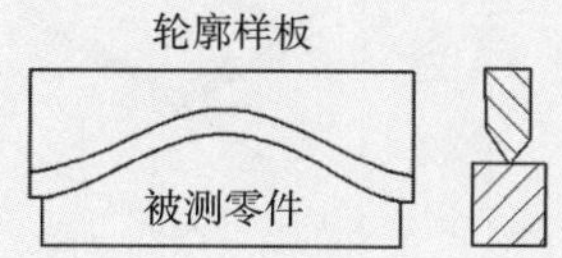
面轮廓度	公差带是包络一系列直径为公差值 t 的球的两包络面之间的区域，诸球的球心位于具有理论正确几何形状的曲面上 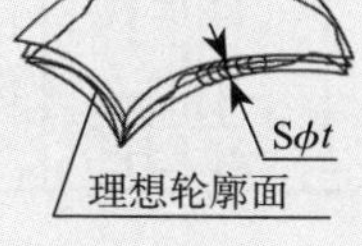	被测轮廓面必须位于包络一系列球的两包络面之间，诸球的直径为公差值 0.02mm，且球心位于具有理论正确几何形状的曲面上 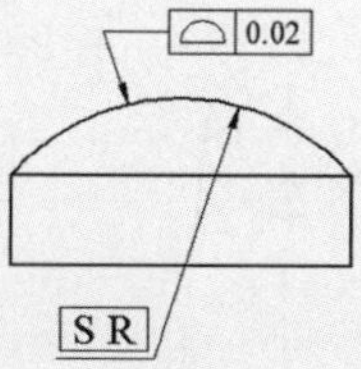 （此图为无基准要求的情况，也有有基准要求的情况）	按较高精度制作轮廓样板，在仿形测量装置上，调整被测零件相对于仿形系统和轮廓样板的位置，再将指示表调零。仿形测头在轮廓样板上移动，由指示器读取数值，取其中的最大值的两倍作为该零件的面轮廓度误差 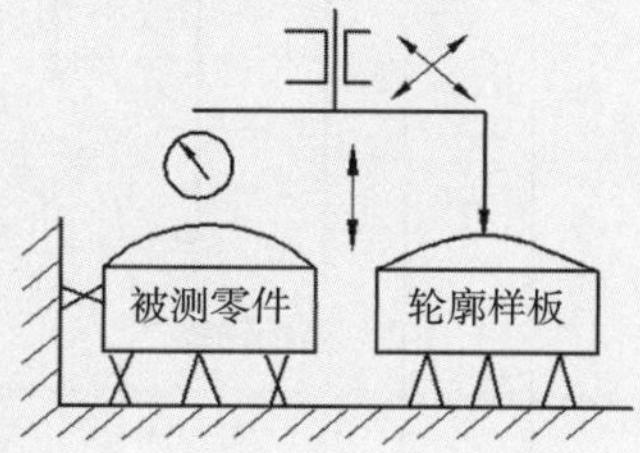

3. 位置公差

（1）定向公差。

定向公差是关联实际要素对其具有确定方向的理想要素的允许变动量。理想要素的方向由基准及理论正确尺寸（角度）确定。当理论正确角度为 0° 时，称为平行度公差；在 90° 时，称为垂直度公差；为其他任意角度时，称为倾斜度公差。这三项公差都有面对面、线对线、面对线和线对面几种情况。表 2–6 列出了部分定向公差的定义、标注示例和解释、测量方案。

笔记

表 2–6　定向公差带的定义、标注和解释、测量方案

特征		定义	标注和解释	测量方案
平行度	面对面	公差带是距离为公差值 t，且平行于基准面的两平行平面之间的区域 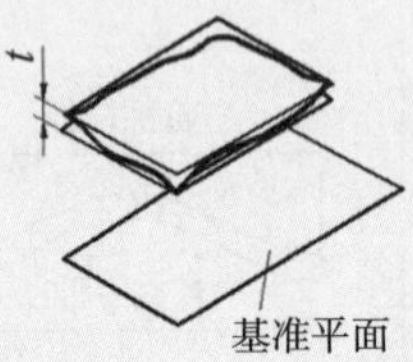	被测表面必须位于距离为公差值 0.05mm，且平行于基准表面 A（基准平面）的两平行平面之间 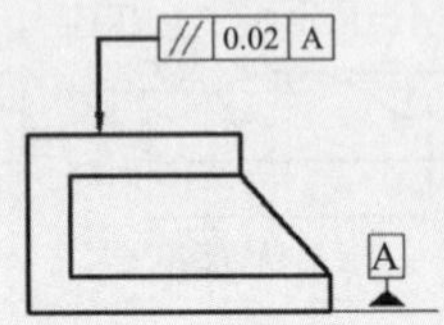	将被测零件放到平板上，使基准表面与平板稳定接触，在整个表面按规定的测量线进行测量。取指示表最大与最小读数差作为该零件的平行度误差 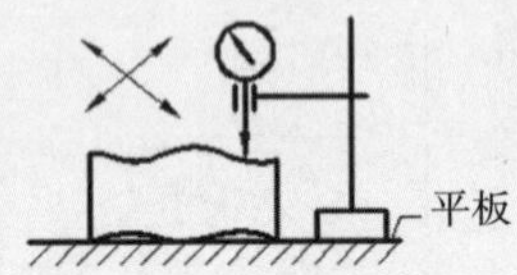
	线对线	线对线在任意方向上的平行度公差带是直径为公差值，且平行于基准轴线的圆柱面内区域 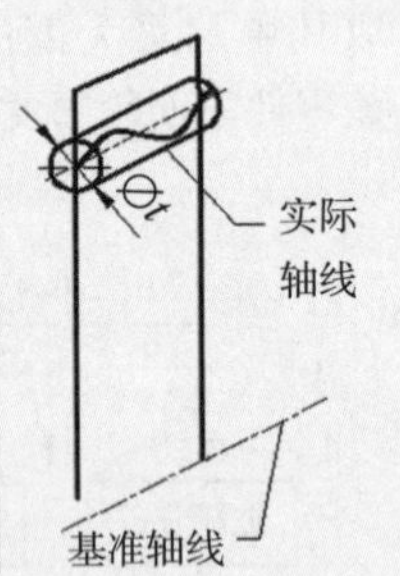	被测要素是直径 40mm 孔的轴线，基准要素是直径 80mm 孔的轴线。任意方向上平行度要求在公差值前加注 ϕ，合格零件的实际 ϕ40mm 孔轴线必须位于直径为公差值 0.2 mm 且平行于基准轴线 A 的圆柱面内 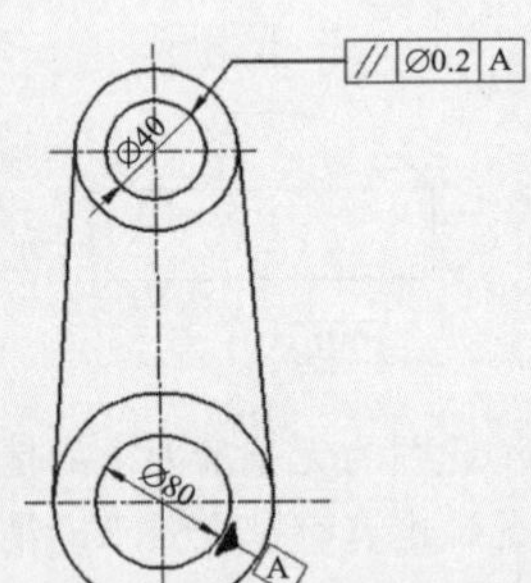	被测轴线与基准轴线由心轴模拟。将基准心轴放到两等高支撑上，在测量距离为 L_2 的两个位置上测得的读数为 M_1、M_2 平行度误差： $f=\frac{L_1}{L_2}\lvert M_1-M_2\rvert$ 在范围 0°~180° 按上述方法测量若干个不同角度位置， 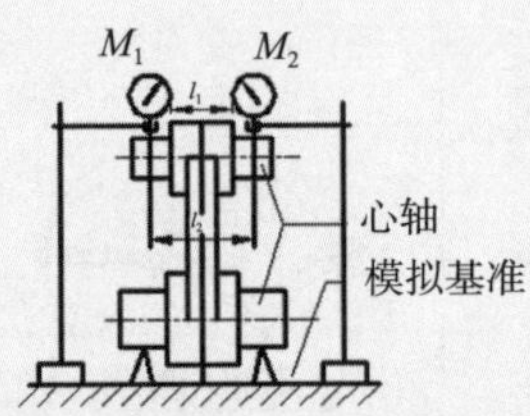 取各测量位置所对应的 f 值中最大值，作为该零件的平行度误差
垂直度	面对线	公差带是距离为公差值 t，且垂直于基准轴线的两平行平面之间的区域 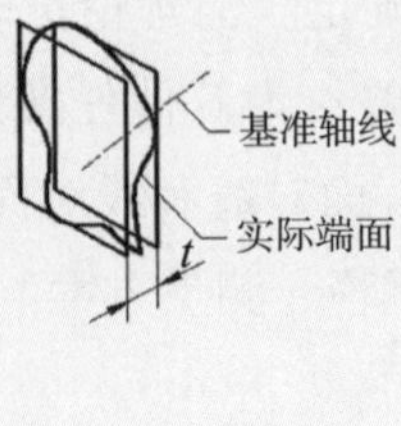	实际左端面必须位于距离为公差值 0.3mm，且垂直于基准轴线 A 的两平行平面之间 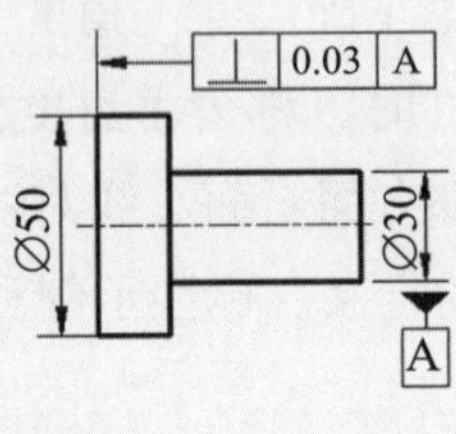	将被测零件放到导向块内（基准轴线由导向块模拟），然后测量整个被测表面，并记录读数，取最大读数差作为该零件垂直度误差 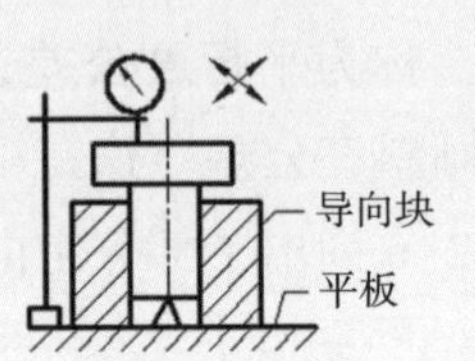

笔记

续表

特征		定义	标注和解释	测量方案
倾斜度	面对线	公差带是距离为公差值 t，且与基准线呈一给定角度 α 的两平行平面之间的区域 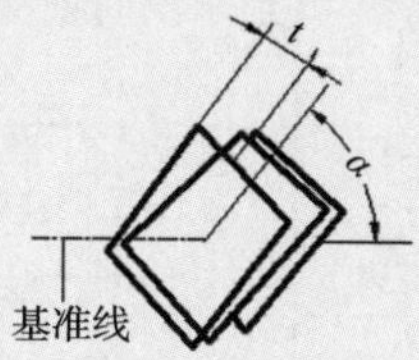 	被测表面必须位于距离为公差值 0.1mm，且与基准线 D（基准轴线）呈理论正确角度 75° 的两平行平面之间 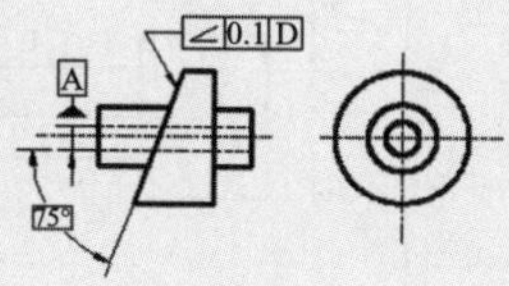 	将被测零件放到导向块内（基准轴线由导向块模拟），然后测量整个被测表面，并记录读数，取最大读数差作为该零件倾斜度误差 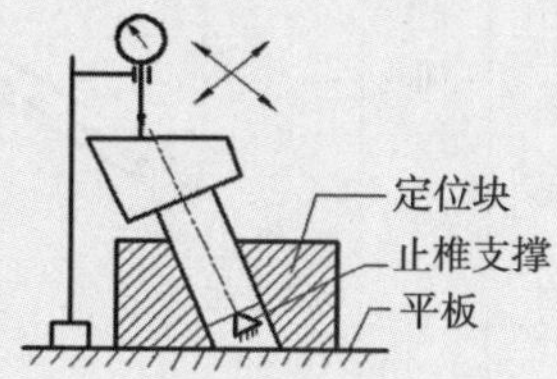

定向公差带具有如下特点。

① 定向公差带相对于基准有确定的方向，而其位置往往是浮动的。

② 定向公差带具有综合控制被测要素的方向和形状的功能。在保证使用要求的前提下，对被测要素给出定向公差后，通常不再对该要素提出形状公差要求。需要对被测要素的形状有进一步的要求时，可再给出形状公差，且形状公差值应小于定向公差值。

（2）定位公差。

定位公差是关联实际要素对其具有确定位置的理想要素的允许变动量。理想要素的位置由基准及理论正确尺寸（长度或角度）确定。当理论正确尺寸为零，且基准要素和被测要素均为轴线时，称为同轴度公差（若基准要素和被测要素的轴线足够短，或均为中心点时，称为同心度公差）；当理论正确尺寸为零，基准要素或（和）被测要素为其他中心要素（中心平面）时，称为对称度公差；在其他情况下均称为位置度公差。表 2-7 列出了部分定位公差的定义、标注和解释、测量方案。

定位公差带具有如下特点。

① 定位公差带相对于基准具有确定的位置，其中位置度公差带的位置由理论正确尺寸确定，同轴度和对称度的理论正确尺寸为零，图上可省略不注。

笔记

表 2–7　定位公差带的定义、标注和解释、测量方案

特征		定义	标注和解释	测量方案
同轴度	轴线的同轴度	公差带是直径为公差值 ϕt 的圆柱面内区域，该圆柱面的轴线与基准轴线同轴 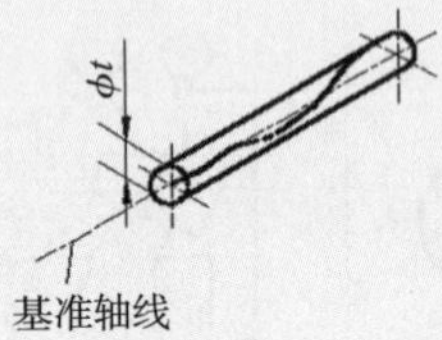	被测零件的实际 ϕ50mm 轴线必须位于 ϕ0.25mm 且与基准轴线 A 同轴的圆柱内 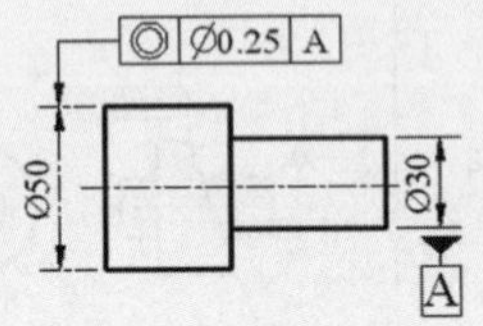	在圆度仪上调整被测零件，使其基准轴线与仪器的回转轴线同轴。在被测要素和基准要素上测量若干个截面并记录轮廓图形，根据测得图形求出同轴度误差 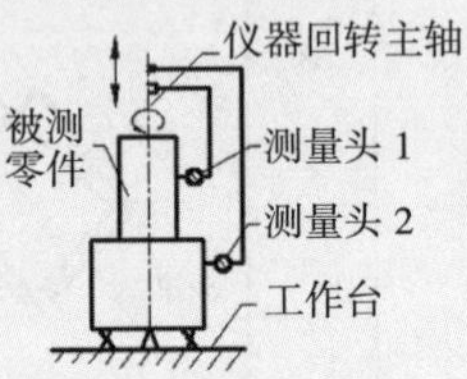
对称度	中心平面的对称度	公差带是距离为公差值 t，且相对于基准的中心平面对称配置的两平行平面之间的区域 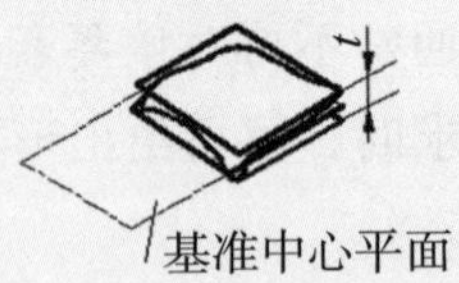	被测中心平面必须位于距离为公差值 0.08mm，且相对于基准中心平面 A 对称配置的两平行平面之间 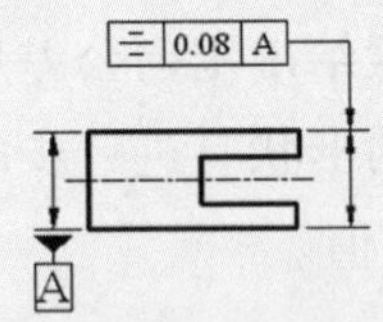	将被测件放在平板上，测量被测表面 K 与平板之间的距离，取测量截面内对应两测点的最大差值作为对称度误差 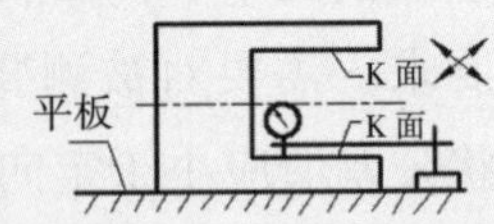
位置度	线的位置度	如在公差值前加注 ϕ，则公差带是直径为 t 的圆柱面内的区域，公差带的轴线的位置由相对于三基面体系的理论正确尺寸确定 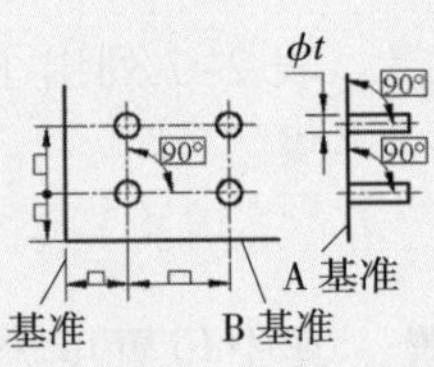	每个被测轴线必须位于直径为公差值 0.1mm，且以相对于 A、B、C 基准表面（基准平面）所确定的理想位置为轴线的圆柱内 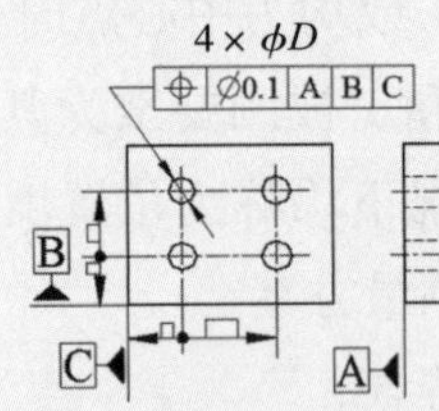 有基准要求 每个被测轴线必须位于直径为公差值 0.1mm，且以理想位置为轴线的圆柱内 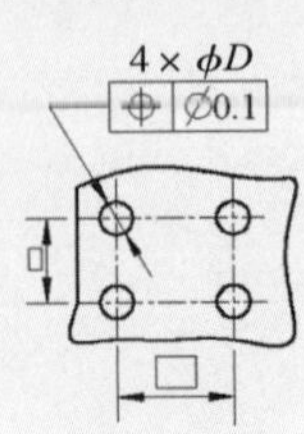 无基准要求	以测量一个孔的位置度为例：在三坐标测量机上测量 ϕD 孔圆周坐标，测得 x_1，x_2，y_1，y_2，按下式计算孔圆心坐标： $x = (x_1+x_2)/2$ $y = (y_1+y_2)/2$ 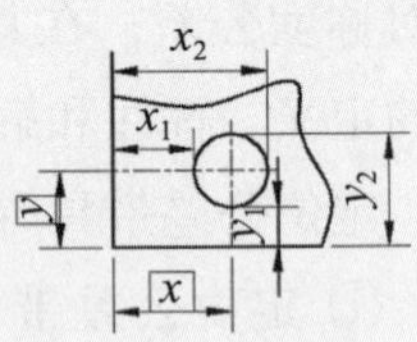 $f_x=x-\boxed{x}$　$f_y=y-\boxed{y}$ $f=2\times\sqrt{f_x^2+f_y^2}$ 将零件翻转在背面按上述方法重复测量，取二者最大值作为零件的位置度误差

② 定位公差带具有综合控制被测要素位置、方向和形状的功能。在满足使用要求的前提下，对被测要素给出定位公差后，通常对该要素不再给出定向公差和形状公差。如果需要对方向和形状有进一步要求时，则可另行给出定向或（和）形状公差，但其数值应小于定位公差值。

（3）跳动公差。

与定向、定位公差不同，跳动公差是针对特定的检测方式而定义的公差特征项目。它是被测要素绕基准要素回转过程中所允许的最大跳动量，也就是指示器在给定方向上指示的最大读数与最小读数之差的允许值。跳动公差可分为圆跳动和全跳动。

圆跳动是控制被测要素在某个测量截面内相对于基准轴线的变动量。圆跳动又分为径向圆跳动、端面圆跳动和斜向圆跳动三种。

全跳动是控制整个被测要素在连续测量时相对于基准轴线的跳动量。全跳动分为径向全跳动和端面全跳动两种。

跳动公差适用于回转表面或其端面。

表 2-8 列出了部分跳动公差带的定义、标注和解释、测量方案。

表 2-8　跳动公差带的定义、标注和解释、测量方案

特征		定义	标注和解释	测量方案
圆跳动	径向圆跳动	公差带是在垂直于基准轴线的任一测量平面内半径差为公差值 t，且圆心在基准轴线上的两个同心圆之间的区域 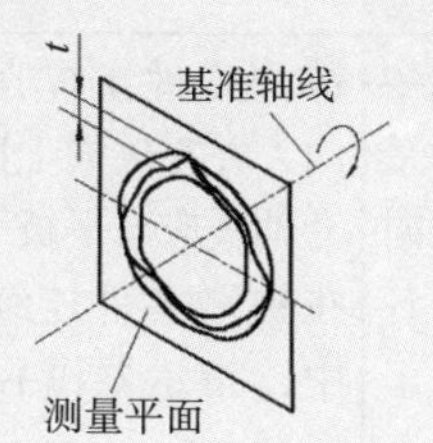	当被测要素围绕基准线 A（基准轴线）做无轴向移动旋转一周时，在任一测量平面内的径向圆跳动量均不大于 0.05mm 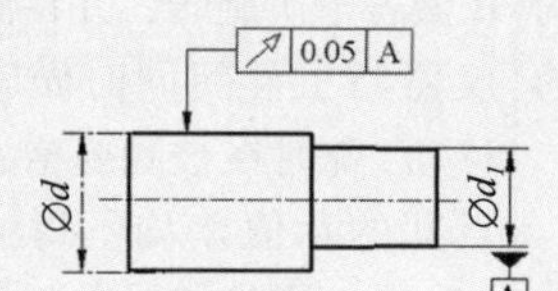	被测零件固定在导向套筒内，并在轴向定位。 ①在被测零件回转一周过程中指示表读数最大差值，即为单个测量平面上的径向跳动 ②按上述方法在若干个截面上测量，取各截面上测得的跳动量中的最大值，作为该零件的径向跳动 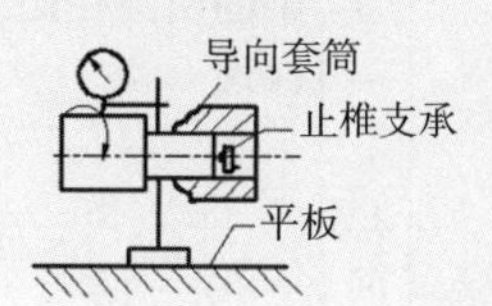

笔记

续表

特征		定义	标注和解释	测量方案
圆跳动	端面圆跳动	公差带是在与基准轴线同轴的任一半径位置的测量圆柱面上距离为 t 的圆柱面区域 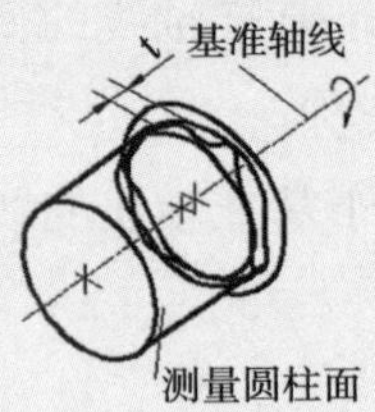	被测面绕基准线 A（基准轴线）做无轴向移动旋转一周时，在任一测量圆柱面内的轴向跳动量均不得大于 0.06mm 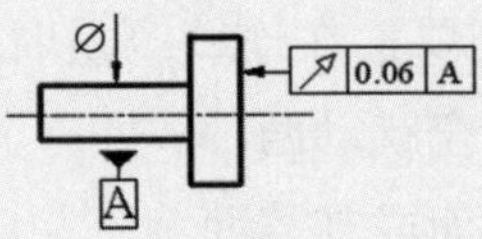	被测零件固定在导向套筒内，并在轴向定位 ①在被测零件回转一周过程中指示器读数最大差值，即为单个测量圆柱面上的端面跳动 ②按上述方法在若干个测量圆柱面上测量，取各测量圆柱面上测得的跳动量中的最大值，作为该零件的端面跳动 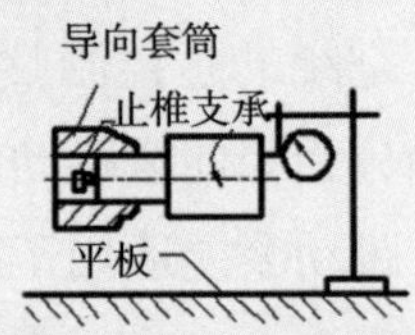
	斜向圆跳动	公差带是与基准轴线同轴的任一测量圆锥面上距离为 t 的两圆之间的区域，除另有规定，其测量方向应与被测面垂直 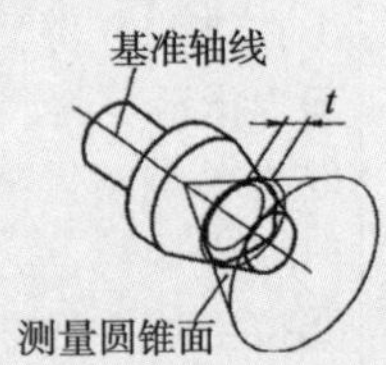	被测面绕基准线 A（基准轴线）做无轴向移动旋转一周时，在任一测量圆锥面上的跳动量均不得大于 0.05mm 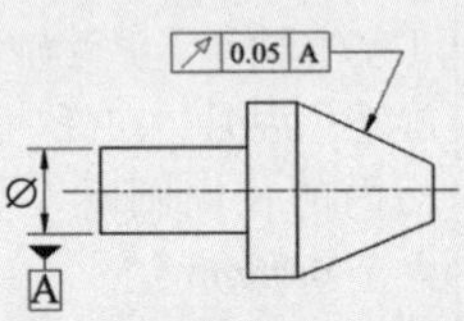	测量方法同上，仅表头安放位置不同，即在圆锥面的法线方向上测量
全跳动	径向全跳动	公差带是半径差为公差值 t，且与基准同轴的两圆柱面之间的区域 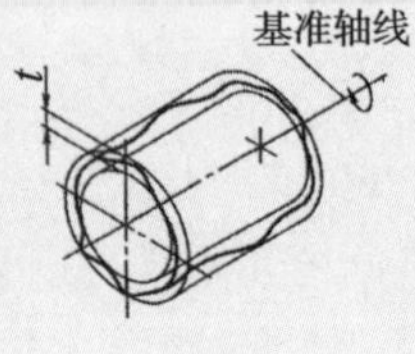	被测要素围绕基准线 A—B 做若干次旋转，并在测量仪器与工件间同时做轴向移动，此时在被测要素上各点间的示值差均不得大于 0.2mm，测量仪器或工件必须沿着基准轴线方向并相对于公共基准轴线 A—B 移动 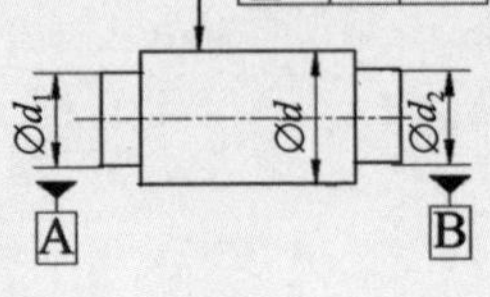	被测零件支撑在导向套筒内，并在轴向上固定，导向套轴线应与平板平行 在被测零件连续回转过程中，指示器沿径向做直线运动 在整个测量过程中指示器读数的最大差值即为该零件的径向全跳动 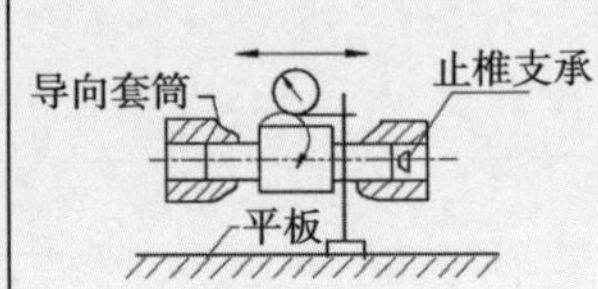

续表

特征		定义	标注和解释	测量方案
全跳动	端面全跳动	公差带是距离为公差值 t，且与基准垂直的两平行平面之间的区域 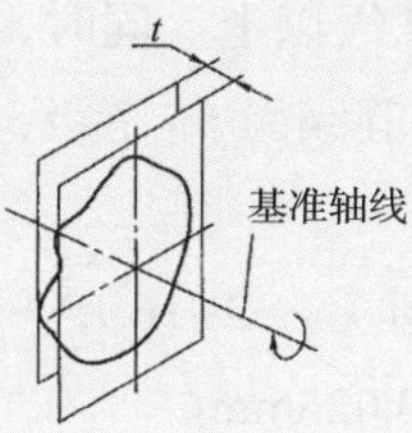 	被测要素绕基准轴线 A 做若干次旋转，并在测量仪器与工件间做径向移动，此时，在被测要素上各点间的示值不得大于 0.05mm，测量仪器或工件必须沿着轮廓具有理想正确形状的线和相对于基准轴线 A 的正确方向移动 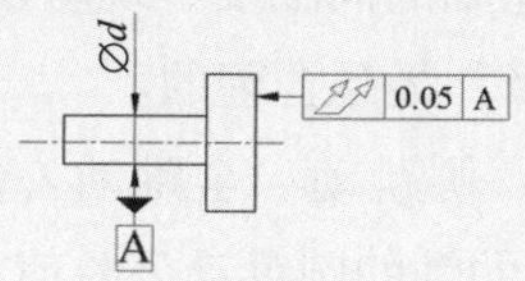 	被测零件支撑在导向套筒内，并在轴向上固定，导向套轴线应与平板平行 在被测零件连续回转过程中，指示器沿径向做直线运动 在整个测量过程中指示器读数的最大差值即为该零件的端面全跳动 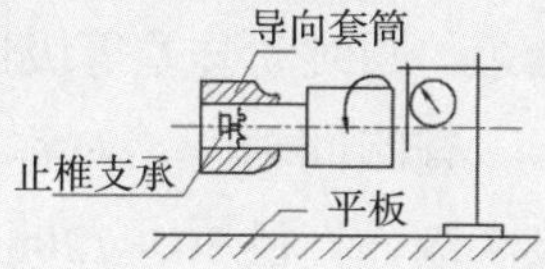

跳动公差带具有如下特点。

（1）跳动公差带的位置具有固定和浮动双重特点，一方面公差带的中心（或轴线）始终与基准轴线同轴，另一方面公差带的半径又随实际要素的变动而变动。

（2）跳动公差具有综合控制被测要素的位置、方向和形状的作用。例如，端面全跳动公差可同时控制端面对基准轴线的垂直度和它的平面度误差；径向全跳动公差可控制同轴度、圆柱度误差。

步骤二　零件几何公差的选用

做一做

仔细阅读图 1–1 减速器输出轴零件图，查阅相关资料，掌握其几何公差要求的选用原则，并进行小组交流。

减速器输出轴零件几何公差选择分析如下。

几何公差等级的选择原则是在满足零件的功能要求的前提下选取最经济的公差值，即尽量选用低的公差等级。

确定几何公差值的方法常采用类比法。所谓类比法，就是参考现有的手册和资料，参照经过验证的类似产品的零部件，通过对比分析，确定其公差值。

通常在同一要素上给定的形状公差值应小于位置公差值。

对于圆柱形零件的形状公差值一般情况下应小于其尺寸公差值。

在学习任务一时我们了解到，该减速器输出轴的尺寸公差等级为 6 级，

笔记

那么其几何公差等级要求一定要小于（或等于）6 级。

通过查阅资料可知，一般情况下减速传动轴的轴颈的圆度、圆柱度公差等级为 6 级，不超过其尺寸公差等级，因此确定 ϕ55 轴颈的圆柱度等级为 6 级。通过查阅圆度、圆柱度公差值（表 2–14），可得公差等级 6 级、直径 55 ~ 80mm 的轴的圆柱度公差值为 0.005mm。

通常在同一要素上给定的形状公差值应小于位置公差值，ϕ55 轴颈上同时规定了形状公差（圆柱度）和位置公差（圆跳动），按照这一原则圆柱度的公差等级要小于圆跳动的公差等级。

我们选择的圆柱度为 6 级，则圆跳动应该在 7 级以上。同时，查阅相关手册可知，一般情况下齿轮轴的同轴度、跳动公差等级为 5 ~ 7 级，因此 ϕ55 轴颈的圆跳动公差等级选择 7 级是合理的。

查阅同轴度、对称度、圆跳动、全跳动公差值（表 2–16），可得公差等级 7 级、直径 50 ~ 120mm 的轴的圆跳动公差值为 0.025mm。

同理，可得 7 级精度的 ϕ45 的轴头的圆跳动公差值为 0.02mm。

对称度公差按国家标准选取，根据不同要求一般取 7 ~ 9 级。键槽的对称度公差的主参数是指键宽。图 2–1 中，键槽的对称度公差等级选择了 8 级，查阅表 2–16，可得键宽 10 ~ 18 的键槽对各自轴线的对称度公差要求为 0.02mm。

相关知识

一、几何公差特征项目的选择

几何公差项目一般是根据零件的几何特征、使用要求和经济性等方面因素综合考虑确定的。在保证零件的功能要求的基础上，应尽量使几何公差项目减少、检测方法简单并能获得较好的经济效益。在选用时主要从以下几点考虑。

（1）零件的几何结构特征。它是选择被测要素公差项目的基本依据。例如，轴类零件的外圆可能出现圆度、圆柱度误差，零件平面要素会出现平面度的误差，阶梯轴（孔）会出现同轴度误差，槽类零件会出现对称度误差，凸轮类零件会出现轮廓度误差等。

（2）零件的功能使用要求。着重从要素的形位误差对零件在机器中使用性能的影响考虑，选择确定所需的几何公差项目。例如，对活塞两销孔的轴线提出了同轴度的要求，同时对活塞外圆柱面提出了圆柱度公差、用以控制圆柱体表面的形状误差。

（3）几何公差项目的综合控制职能。各几何公差项目的控制功能都不尽相同，选择时要尽量发挥它们综合控制的职能，以减少几何公差的项目。例如，圆柱度可综合控制圆度、直线度等误差。

（4）检测的方便性。选择的几何公差项目要与检测条件相结合，同时考虑检测的可行性和经济性。如果同样能满足零件的使用要求，应选择检测简便的项目。例如，对于轴类零件，可用径向圆跳动或径向全跳动代替圆度、圆柱度以及同轴度公差。而且跳动公差的检测方便，具有较好的综合性能。

二、基准的选择

关联要素之间的方向和位置精度要求，必须确定基准作为评定其位置精度的依据。选择基准时应根据设计和使用要求，兼顾基准统一原则和零件的结构特征，选择基准的部位、数量和顺序。

（1）基准部位的选择。主要根据设计和使用要求、零件的结构特点，并综合考虑基准的统一等原则。在满足功能要求的前提下，一般选用加工或装配中精度较高的表面作为基准，力求使设计和工艺基准重合，消除基准不统一产生的误差，同时简化夹具、量具的设计与制造。而且基准要素应具有足够的刚度和尺寸，确保定位稳定可靠。

（2）基准数量的确定。一般根据公差项目的定向、定位几何功能要求来确定基准的数量。定向公差大多只需要一个基准，而定位公差则需要一个或多个基准。

（3）基准顺序的安排。如果选择两个或两个以上的基准要素时，就必须确定基准要素的顺序，并按顺序填入公差框格中。基准顺序的安排主要考虑零件的结构特点以及装配和使用要求。

三、几何公差值（或公差等级）的选择

国家标准将几何公差分为两类：未注公差和注出公差。

1. 未注公差

国家标准（GB / T 1182—2008）中对直线度、平面度、垂直度、对称度以及圆跳动等几何公差项目的未注公差规定了 H、K、L 三个等级，其相应的公差值如表 2-9 ~ 表 2-12 所示。选用时应在技术要求中给出标准号及公差等级代号，如“未注公差按 GB / T 1182—K”。

表 2-9　直线度、平面度未注公差值（mm）

公差等级	基本长度范围					
	≤10	>10~30	>30~100	>100~300	>300~1000	>1000~3000
H	0.02	0.05	0.1	0.2	0.3	0.4
K	0.05	0.1	0.2	0.4	0.6	0.8
L	0.1	0.2	0.4	0.8	1.2	1.6

笔记

表 2-10　垂直度未注公差值　　(mm)

公差等级	基本长度范围			
	≤100	>100 ~ 300	>300 ~ 1000	>1000 ~ 3000
H	0.2	0.3	0.4	0.6
K	0.4	0.6	0.8	1
L	0.6	1	1.5	2

表 2-11　对称度未注公差值　　(mm)

公差等级	基本长度范围			
	≤100	>100 ~ 300	>300 ~ 1000	>1000 ~ 3000
H	0.5			
K	0.6		0.8	1
L	0.6	1	1.5	2

表 2-12　圆跳动未注公差值　　(mm)

公差等级	公差值
H	0.1
K	0.2
L	0.5

2. 注出公差

按国家标准规定，除了线轮廓度、面轮廓度以及位置度未规定公差等级外，其余几何公差项目均已划分了公差等级。一般分为 12 级，即 1 级、2 级、…、12 级，精度依次降低。其中，圆度和圆柱度划分为 13 级，增加了一个 0 级，以适应精密零件的需要。各个公差项目的等级公差值如表 2-13 ~ 表 2-16 所示。

表 2-13　直线度、平面度公差值　　(μm)

主参数 L/mm	公差等级											
	1	2	3	4	5	6	7	8	9	10	11	12
≤10	0.2	0.4	0.8	1.2	2	3	5	8	12	20	30	60
>10 ~ 16	0.25	0.5	1	1.5	2.5	4	6	10	15	25	40	80
>16 ~ 25	0.3	0.6	1.2	2	3	5	8	12	20	30	50	100
>25 ~ 40	0.4	0.8	1.5	2.5	4	6	10	15	25	40	60	120
>40 ~ 63	0.5	1	2	3	5	8	12	20	30	50	80	150
>63 ~ 100	0.6	1.2	2.5	4	6	10	15	25	40	60	100	200

笔记

表 2–14　圆度、圆柱度公差值　（μm）

主参数 d（D）/ mm	公差等级												
	0	1	2	3	4	5	6	7	8	9	10	11	12
≤3	0.1	0.2	0.3	0.5	0.8	1.2	2	3	4	6	10	14	25
>3 ~ 6	0.1	0.2	0.4	0.6	1	1.5	2.5	4	5	8	12	18	30
>6 ~ 10	0.12	0.25	0.4	0.6	1	1.5	2.5	4	6	9	15	22	36
>10 ~ 18	0.15	0.25	0.5	0.8	1.2	2	3	5	8	11	18	27	43
>18 ~ 30	0.2	0.3	0.6	1	1.5	2.5	4	6	9	13	21	33	52
>30 ~ 50	0.25	0.4	0.6	1	1.5	2.5	4	7	11	16	25	39	62
>50 ~ 80	0.3	0.5	0.8	1.2	2	3	5	8	13	19	30	46	74

表 2–15　平行度、垂直度、倾斜度公差值　（μm）

主参数 L、d（D）/ mm	公差等级											
	1	2	3	4	5	6	7	8	9	10	11	12
≤10	0.4	0.8	1.5	3	5	8	12	20	30	50	80	120
>10 ~ 16	0.5	1	2	4	6	10	15	25	40	60	100	150
>16 ~ 25	0.6	1.2	2.5	5	8	12	20	30	50	80	120	200
>25 ~ 40	0.8	1.5	3	6	10	15	25	40	60	100	150	250
>40 ~ 63	1	2	4	8	12	20	30	50	80	120	200	300
>63 ~ 100	1.2	2.5	5	10	15	25	40	60	100	150	250	400

表 2–16　同轴度、对称度、圆跳动、全跳动公差值　（μm）

主参数 L、B、d（D）/ mm	公差等级											
	1	2	3	4	5	6	7	8	9	10	11	12
≤1	0.4	0.6	1	1.5	2.5	4	6	10	15	25	40	60
>1 ~ 3	0.4	0.6	1	1.5	2.5	4	6	10	20	40	60	120
>3 ~ 6	0.5	0.8	1.2	2	3	5	8	12	25	50	80	150
>6 ~ 10	0.6	1	1.5	2.5	4	6	10	15	30	60	100	200
>10 ~ 18	0.8	1.2	2	3	5	8	12	20	40	80	120	250
>18 ~ 30	1	1.5	2.5	4	6	10	15	25	50	100	150	300

笔记

续表

主参数 L、B、d（D）/ mm	公差等级											
	1	2	3	4	5	6	7	8	9	10	11	12
＞30 ~ 50	1.2	2	3	5	8	12	20	30	60	120	200	400
＞50 ~ 120	1.5	2.5	4	6	10	15	25	40	80	150	250	500

3. 几何公差值选择原则

几何公差等级的选择原则是，在满足零件功能要求的前提下选取最经济的公差值，即尽量选用低的公差等级。确定几何公差值的方法常采用类比法。所谓类比法，就是参考现有的手册和资料，参照经过验证的类似产品的零部件，通过对比分析，确定其公差值。采用类比法确定几何公差值时应考虑以下几个因素。

（1）零件的结构特点。对于结构复杂、刚性差（如细长轴、薄壁件等）或不易加工和测量的零件，在满足零件功能要求的情况下，适当选择低的公差等级。

（2）通常在同一要素上给定的形状公差值应小于位置公差值，对于圆柱形零件的形状公差值（轴线直线度除外）一般情况下应小于其尺寸公差值。平行度公差值应小于其相应的尺寸公差值。

（3）有配合要求时形状公差与尺寸公差的关系。

（4）通常情况下，表面粗糙度 R_a 值占形状公差值的 20%~25%。

步骤三　检测工具和量具的选用

做一做

根据图 1–1 减速器输出轴的几何公差要求，确定其检测方法，分别选择合适的检测量具和辅助工具，并详细阐述选择理由，准备对零件进行几何公差检测。

相关知识

一、指示类量具

指示类量具是以指针指示出测量结果的量具，常用的指示式量具有百分表、千分表、杠杆百分表和内径百分表等；用于相对测量，可单独使用，也可安装在其他仪器中作测微表头使用。其主要用于校正零件的安装位置，检验零件的形状精度和相互位置精度等。

百分表是将测量杆的直线位移通过齿条和齿轮传动系统转变为指针的角位移进行读数的一种长度测量工具。百分表广泛用于测量工件几何形状误差及位置误差，具有防震机构寿命长、精度可靠的特点。百分表的分度值为0.01mm，测量范围为0 ～3mm、0 ～5mm 和0 ～10mm 的，称为中小量程百分表；测量范围为0～30mm、0～50mm 和0～100mm 的，称为大量程百分表，如图 2–4 所示为不同种类的百分表。

（a）　　（b）　　（c）

图 2–4　百分表

1. 结构

这类量具主要由表体部分、传动系统、读数装置 3 个部分组成，具有体积小、质量小、结构简单、造价低等特点；这类量具不需附加电源、光源、气源等，也比较坚固耐用，因此应用十分广泛。

2. 工作原理

指针式机械量仪的工作常通过各种机械传动原理，将被测尺寸引起测杆的微小直线位移转变成指针的角位移，经过齿轮传动放大，变为指针在刻度盘上的转动，指出相应的被测量值。

3. 百分表特点

百分表是应用最广泛的指示类量具，其外形如图 2–5 所示。其中，8 为测量杆，6 为指针，表盘 3 上刻有 100 个等分格，其刻度值（即读数值）为0.01mm。当指针转一圈时，小指针即转动一小格，转数指示盘 5 的刻度值为1mm。用手转动表圈 4 时，表盘 3 也跟着转动，可使指针对准任一刻线。测量杆 8 是沿着套筒 7 上、下移动的，9 是测量头，2 是手提测量杆用的圆头。

笔记

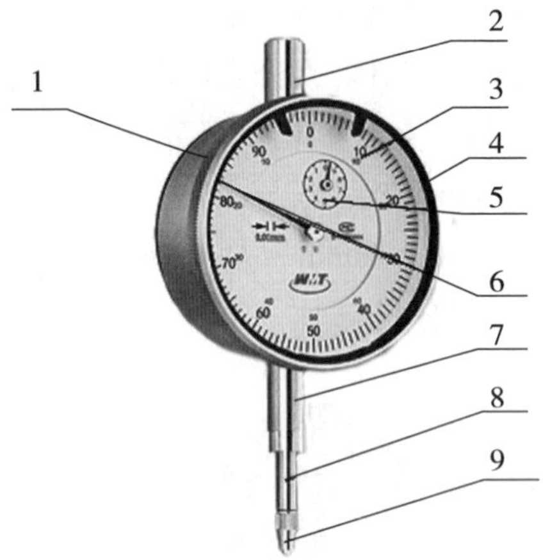

图 2-5　百分表外形

1- 表体；2- 手提测量杆用的圆头；3- 表盘；4- 手转动表圈；
5- 转数指示盘；6- 指针；7- 套筒；8- 测量杆；9- 测量头；

百分表的读数方法为，先读小指针转过的刻度线（即毫米整数），再读大指针转过的刻度线（即小数部分），并乘以 0.01，然后两者相加，即得到所测量的数值。

现在百分表的一个非常重要的应用就是用来测量几何误差等机械测量，如圆度、圆跳动、平面度、平行度、直线度等，目前利用百分表来测量机械几何误差有个非常简单且效率高的方法，就是可以直接利用数据分析仪连接百分表来测量，无须人工读数，数据分析仪软件可对百分表数据进行采集及分析数据，并计算出各测量结果，可以大大提高测量效率（图 2-6）。

图 2-6　百分表测量误差应用

4. 百分表的使用

使用前，应检查测量杆活动的灵活性。轻轻推动测量杆时，测量杆在套筒内的移动要灵活，没有如何轧卡现象，每次手松开后，指针能回到原来的刻度位置。

使用时，必须把百分表固定在可靠的夹持架上（图 2-7）。

笔记

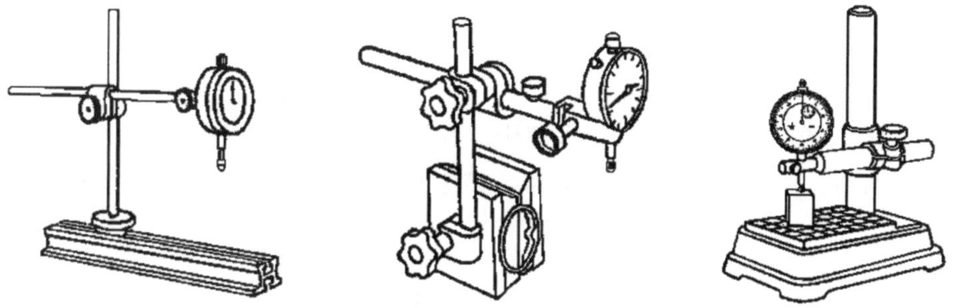

（a） （b） （c）

图 2-7 安装在专用夹持架上的百分表

测量时，不要使测量杆的行程超过它的测量范围，不要使表头突然撞到工件上，也不要用百分表测量表面粗糙度或有显著凹凸不平的工件。

测量平面时，百分表的测量杆要与平面垂直；测量圆柱形工件时，测量杆要与工件的中心线垂直。

为方便读数，在测量前一般都让大指针指到刻度盘的零位。

千分表与百分表的区别

当量杆移动 1mm 时，这一移动量通过齿条、轴齿轮 1、齿轮和轴齿轮 2 放大后传递给安装在轴齿轮 2 上的指针，使指针转动一圈。若圆刻度盘沿圆周印制有 100 个等分刻度，每一分度值即相当于量杆移动 0.01mm，则这种表式测量工具常称为百分表。若增加齿轮放大机构的放大比，使圆表盘上的分度值为 0.001mm 或 0.002mm（圆表盘上有 200 个或 100 个等分刻度），则这种表式测量工具即称为千分表。二者的原理是相同的。百分表（千分表）是美国的 B.C. 艾姆斯等于 1890 年制成的。它常用于形状和位置误差以及小位移的长度测量。百分表的示值范围一般为 0~10mm，大的可以达到 100mm。改变测头形状并配以相应的支架，可制成百分表的变形品种，如厚度百分表、深度百分表和内径百分表（见孔径测量）等。如用杠杆代替齿条则可制成杠杆百分表和杠杆千分表，其示值范围较小，但灵敏度较高。此外，它们的测头可以在一定角度内转动，能适应不同方向的测量，结构也紧凑。它们适用于测量普通百分表难以测量的外圆、小孔和沟槽等的形状与位置误差检验。

笔记

二、检测辅助工具

1. 检测平板

检测平板在测量时作为基座使用，在工作表面作为测量的基准平面，如图 2-8 所示。检测平板要求有足够的精度和刚度稳定性，常用的检测平板有铸铁平板和岩石平板。

（a）

（b）

图 2-8　检测平板

2. 检验方箱

方箱用于检验工件的辅助量具，也可以在平台测量中作为标准直角使用，其性能稳定、精度可靠。其有六个工作面，其中一个工作面上有 V 形槽。方箱一般在检测平板上使用，起支撑被检测工件的作用，可以单独使用，也可以成对使用。其应用如图 2-9 所示，将工件一面紧靠在方箱上并垂直于检验平板的工作面上，进行孔轴线相对于基面的垂直度的误差检验。

3. 磁力表座

磁力表座是一种夹持固定百分表或千分表的装置，其底部为磁力吸盘，可以通过磁力吸合金属基体，固定测量位置，如图 2-10 所示。

图 2-9　检验方箱

图 2-10　磁力表座

笔记

磁力表座的磁力是怎么来的

磁力表座内部有磁体，壳体具有封闭磁力线的功能作用。当磁体旋转到中间位置，磁力线分别在两块导磁体中形成闭路时表座可以轻易取走；旋转 90° 后，NS 极分别对着两块导磁体，此时从 N 极到导磁体、到导轨、到另一块导磁体、再到 S 极，形成磁力线闭合，可以牢牢地附着在导轨上（图 2–11）。

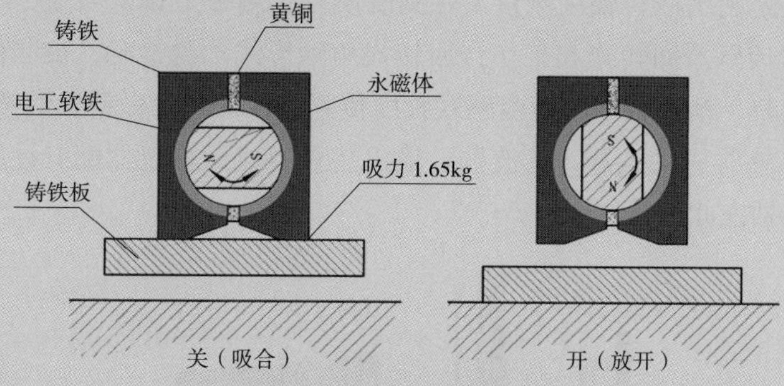

图 2–11　磁力通断示意图

4. 塞尺

塞尺又称为测微片或厚薄规，如图 2–12 所示，是用于检验间隙的测量器具之一，横截面为直角三角形，在斜边上有刻度，利用锐角正弦直接将短边的长度表示在斜边上，这样就可以直接读出缝的大小。塞尺使用前必须先清除塞尺和工件上的污垢与灰尘。使用时可用一片或数片重叠插入间隙，以稍感拖滞为宜。测量时动作要轻，不允许硬插，也不允许测量温度较高的零件。

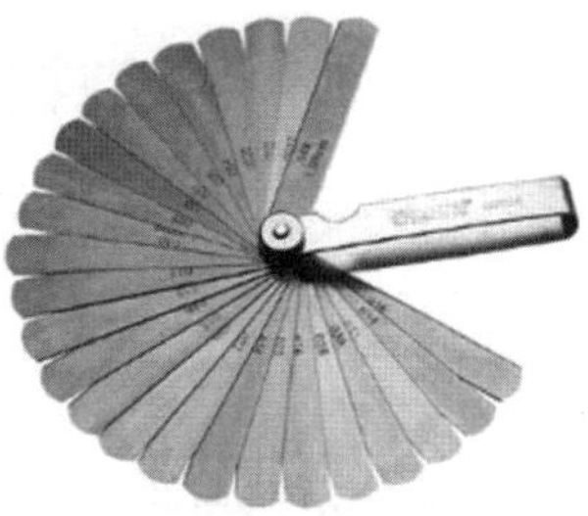

图 2–12　塞尺

三、偏摆仪

偏摆仪主要用于测量轴类零件径向与端面的跳动误差，如图 2–13 所示。该仪器配有一对莫氏 2# 顶尖，结构简单，操作方便，顶尖座手压柄可快速装卸被测零件，测量效率高。

图 2–13　偏摆仪

笔记

利用偏摆仪检测零件时，注意如下问题。

（1）先拧紧偏心轴手把，将固定顶尖座在仪座上固定。

（2）按被测零件长度将活动顶尖座固定在合适位置，压下球头手柄。

（3）装入零件用两顶尖顶住零件中心孔，拧紧紧定手把将顶尖固定，移动支架座至所需位置然后固定。

（4）通过其上所装的百分表（千分表）即可进行检测工作。

四、圆度仪

圆度仪是利用回转轴法测量工件圆度误差的测量工具，如图 2–14 所示。圆度仪分为传感器回转式和工作台回转式两种形式。测量时，被测件与精密轴系同心安装，精密轴系带着电感式长度传感器或工作台做精确的圆周运动；由仪器的传感器、放大器、滤波器、输出装置组成。若仪器配有计算机，则计算机也包括在此系统内。

图 2–14　圆度仪

步骤四　圆度和圆柱度的测量

做一做

一、准备工具

准备千分表、磁力表座、V 形块、平板等。

二、测量方法与过程

（1）将待测零件、V 形块、检验平板等清理干净。

（2）将零件放置到 V 形块上，并进行轴向定位（图 2–15）。

（3）安装千分表，调整测杆位置，使测杆的轴线与零件轴线垂直，测头

笔记

与零件表面接触。

（4）将千分表压约缩1～2圈后紧固表架，将千分表调零。

（5）缓慢转动零件，读取千分表的最大和最小示值，最大和最小示值之差的一半，为该截面的圆度误差。

（6）按需要测量若干横截面，读取千分表的最大和最小示值。

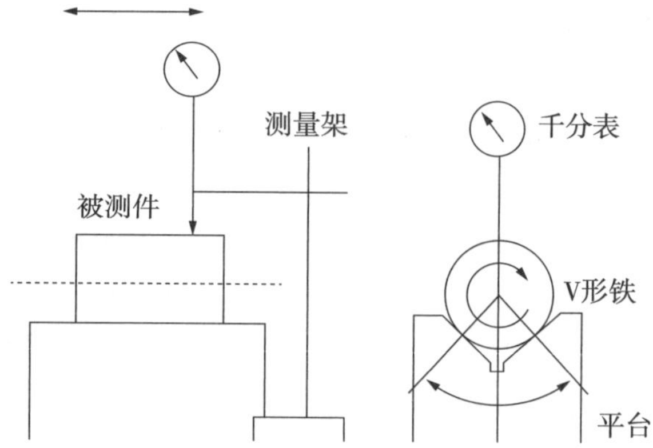

图 2–15　圆柱度检测

（7）取各截面中圆度误差最大的，为该零件的圆度误差。

（8）取从各截面读得的所有示值中最大与最小示值差之半，作为被测零件的圆柱度误差（表 2–17）。

（9）将测得的圆柱度误差与图纸要求进行比较，判断零件是否合格。

（10）将千分表等量具清理干净后存放于量具盒内。

表 2–17　圆柱度误差测量数据

截面序号	1	2	3	4	5	6
最大示值	+0.004	+0.003	+0.001	+0.005	+0.002	+0.003
最小示值	–0.005	–0.004	–0.005	–0.004	–0.004	–0.003
差值	0.009	0.007	0.006	0.009	0.006	0.006
差值的一半	0.0045	0.0035	0.003	0.0045	0.003	0.003
圆度	0.0045					
圆柱度	0.005					

相关知识

形状误差及其评定方法

1. *形状误差*

形状误差是被测实际要素的形状对其理想要素的变动量。形状误差值不大于相应的公差值，则被认为是合格的。

2. *形状误差的评定*

被测实际要素与其理想要素进行比较时，理想要素相对于实际要素的位

笔记

置不同，评定的形状误差值也不同。为了使评定结果唯一，国家标准规定最小条件是评定形状误差的基本准则。

所谓最小条件，即被测实际要素对其理想要素的最大变动量为最小。

形状误差值可用最小包容区域（简称最小区域）的宽度或直径表示。最小区域是指包容被实际要素，且具有最小宽度 f 或直径 ϕf 的区域。最小包容区域的形状与其相应的公差带的形状相同。以给定平面内的直线度为例来说明。如图 2–16 所示，与被测要素比较，理想要素为直线，其位置可能有多种情况，如图中的Ⅰ、Ⅱ、Ⅲ位置等，相应的包容区域的宽度为 f_1、f_2、f_3（$f_1 < f_2 < f_3$）。根据最小条件的要求，Ⅰ位置时两平行直线之间的包容区域宽度最小，故取 f_1 为直线度误差。这种评定形状误差的方法称为最小区域法。

最小区域是根据被测实际要素与包容区域的接触状态来判别的。什么样的接触状态才算符合最小条件呢？根据实际分析和理论证明，得出了各项形状误差符合最小条件的判断准则。例如评定在给定平面内的直线度误差，实际直线与两包容的理想直线至少应有高、低、高（或低、高、低）三点接触，这个包容区域就是最小包容区域，如图 2–17 中 S 所示区域；评定圆度误差时，包容区域为两同心圆之间的区域，实际圆应至少有内、外交叉的四点与两包容圆接触。这个包容区域就是最小包容区域，如图 2–17 所示。

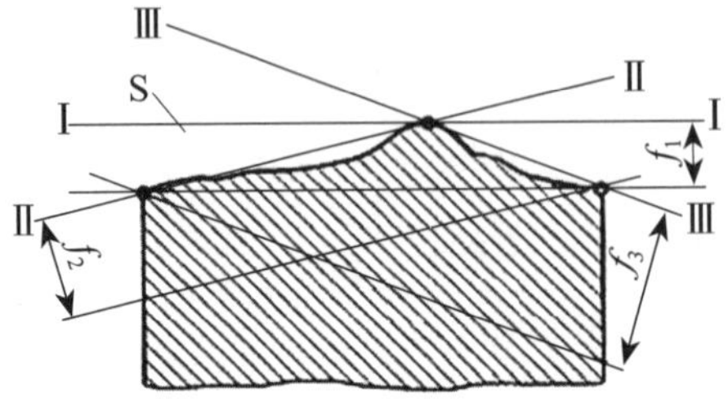

图 2–16　直线度误差的最小包容区域

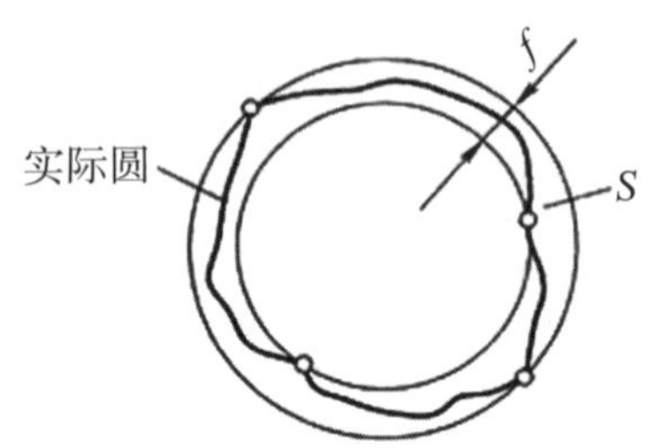

图 2–17　圆度误差的最小包容区域

用最小区域法评定形状误差有时比较困难，在实际工作中也允许采用其他的评定方法，得出的形状误差值比用最小区域法评定的误差值稍大，只要误差值不大于图样上给出的公差值，就一定能满足要求，否则就应按最小区域法评定后进行合格性判断。

步骤五　径向圆跳动的测量

做一做

一、准备工具

偏摆检查仪、千分表、磁力表座等。

笔记

二、测量方法与过程

（1）将零件擦净，置于偏摆仪两顶尖之间，零件转动自如但不允许轴向窜动，然后固紧二顶尖座。当需要卸下零件时，一手扶着零件，一手向下按手把取下零件。

（2）将千分表装在表架上，使表杆通过零件轴心线，并与轴心线垂直，测头与零件表面接触。

（3）将千分表压缩 1 ~ 2 圈后紧固表架，将千分表调零。

（4）缓慢匀速将零件转动一周，读取千分表上的最大和最小示值，其差值即为该截面的径向圆跳动误差。

（5）测量应在轴向的三个截面上进行，取三个截面中圆跳动误差的最大值，为该零件的径向圆跳动误差（表 2–18）。

（6）将测得的径向圆跳动误差与图纸要求进行比较，判断零件是否合格。

（7）用上述方法完成 $\phi45$、$\phi55$（两处）和 $\phi58$ 等各部分的径向圆跳动误差检测。

（8）将千分表等量具清理干净后存放于量具盒内。

表 2–18　径向圆跳动误差测量数据

<table>
<tr><th>截面序号</th><th>千分表最大示值</th><th>千分表最小示值</th><th>截面的径向圆跳动误差</th><th>被测面径向圆跳动误差</th></tr>
<tr><td>1</td><td>0</td><td>−0.005</td><td>0.005</td><td rowspan="3">0.017</td></tr>
<tr><td>2</td><td>+0.005</td><td>−0.006</td><td>0.011</td></tr>
<tr><td>3</td><td>+0.010</td><td>−0.007</td><td>0.017</td></tr>
</table>

相关知识

一、跳动误差及其评定

被测实际要素绕基准轴线做无轴向移动回转时，指示器在给定方向上测得的最大与最小示值之差，称为跳动误差。

跳动误差按其测量要求不同可分为圆跳动误差和全跳动误差。

圆跳动根据给定的测量方向不同，可分为径向圆跳动、轴向圆跳动和斜向圆跳动。

全跳动按给定的测量方向，可分为径向全跳动和轴向全跳动。

跳动误差这一几何公差项目本身就是根据测量跳动原则定义的，因此，它的测量方法与误差定义是一致的，给生产中误差检测带来极大方便，不需要再用最小区域的概念进行评定。

笔记

二、跳动误差的评定原则

（1）测量时被测要素必须绕基准轴线回转。

（2）检测圆跳动误差时，应在给定的测量面内对被测要素进行测量，被测零件不得产生轴向移动。

（3）检测全跳动时，应使指示器沿理想素线移动过程中，对被测要素进行测量。该理想素线指相对于基准轴向为理想位置的直线，即径向全跳动为平行于基准轴线的直线，轴向全跳动为垂直于基准轴线的直线。

步骤六　轴向圆跳动的测量

做一做

一、准备工具

准备偏摆检查仪、杠杆千分表、磁力表座等。

二、测量方法与过程

（1）将零件擦净，置于偏摆仪两顶尖之间，零件转动自如但不允许轴向窜动，然后固紧二顶尖座。当需要卸下零件时，一手扶着零件，一手向下按手把取下零件。

（2）将杠杆千分表夹持在偏摆检查仪的表架上，调整测杆位置，使测杆位置与被测 $\phi62$ 轴肩平行。

（3）缓慢移动表架，使杠杆千分表的测量头与被测端面接触，把指针调零。

（4）缓慢匀速将零件转动一周，记下千分表读数的最大和最小示值，该最大值与最小值之差，即为直径处的端面跳动误差。

（5）在被测端面上均匀分布的三个直径处测量，取三个中的最大值为该零件端面圆跳动误差（表 2–19）。

（6）将测得的轴向圆跳动误差与图纸要求进行比较，判断零件是否合格。

（7）用上述方法完成 $\phi62$ 轴肩两侧的径向圆跳动误差检测。

（8）将千分表等量具清理干净后存放于量具盒内。

表 2–19　轴向圆跳动误差测量数据

截面序号	杠杆千分表最大示值	杠杆千分表最小示值	截面的径向圆跳动误差	被测面径向圆跳动误差
1	0	–0.005	0.005	0.012
2	+0.005	–0.006	0.011	
3	+0.010	–0.002	0.012	

笔记

相关知识

杠杆千分表是指针式量具，其杠杆测量头的位移通过机械传动系统转变为指针在表盘上的角位移。

由于杠杆千分表体积小，测量头可回转 180 度，因此适宜于测量一般测微仪表难以达到的工件，如内孔径向跳动、端面跳动、键槽、导轨的相互位置误差等。

杠杆千分表的分度值有 0.001mm 和 0.002mm 两种，测量范围为 ±0.2mm。

使用杠杆千分表的注意事项如下。

（1）千分表应固定在可靠的表架上，测量前必须检查千分表是否夹牢，并多次提拉千分表测量杆与工件接触，观察其重复指示值是否相同。

（2）测量时，不准用工件撞击测头，以免影响测量精度或撞坏千分表。为保持一定的起始测量力，测头与工件接触时，测量杆应有 0.3 ~ 0.5mm 的压缩量。

（3）测量杆上不要加油，以免油污进入表内，影响千分表的灵敏度。

（4）千分表测量杆与被测工件表面必须垂直，否则会产生误差。

（5）杠杆千分表的测量杆轴线与被测工件表面的夹角越小，误差就越小。如果由于测量需要，α 角无法调小时（当 $\alpha>15°$），其测量结果应进行修正。

从图 2-18 可知，当平面上升距离为 a 时，杠杆千分表摆动的距离为 b，具体修正公式：

$$a=b\cos\alpha$$

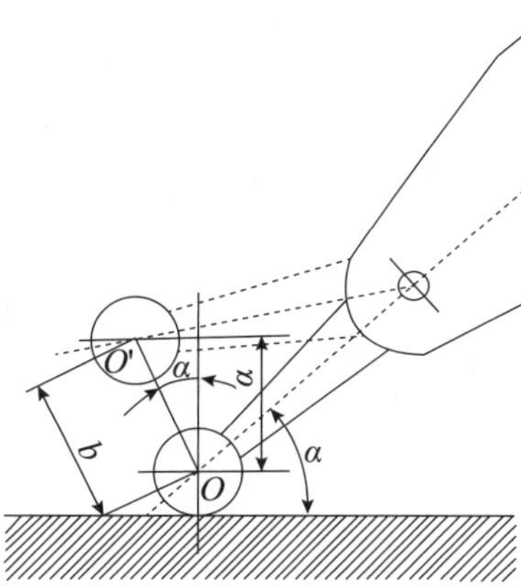

图 2-18　杠杆千分表测杆轴线位置引起的测量误差

笔记

步骤七　键槽对称度的测量

做一做

一、准备工具

准备一个与键槽尺寸、形状一致的定位块、千分表及表架、V 形块、检验平板等。

二、测量方法与过程

将定位块装入键槽中，保证不松动，必要时可进行研合（图 2-19）。将被测轴放置在 V 形块上，用 V 形块模拟基准轴线，被测键槽中心平面由定位块模拟，以检验平板模拟测量基准。

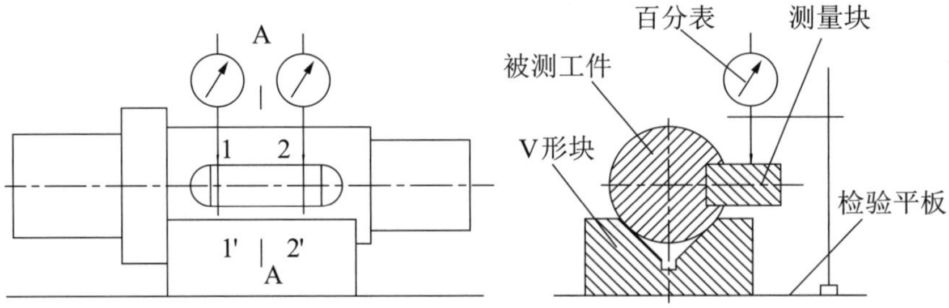

图 2-19　键槽对称度测量

（1）将千分表的测头与定位块的顶面接触，沿定位块的某一截面（垂直于被测圆柱轴线的平面）移动，稍微转动被测工件以调整定位块位置，直到使千分表在这个截面上移动时示值不再变化，则定位块沿径向方向与平板平行。

（2）用千分表测量 1、2 两点，记录测量示值 M_1 和 M_2。

（3）将轴在 V 形块上翻转 180°，调整被测零件，再次使定位块沿径向与平板平行。

（4）测量 1、2 两点的对应点 1′、2′，得到示值 M_1' 和 M_2'。

（5）将千分表等量具清理干净后存放于量具盒内。

三、键槽对称度误差计算

（1）计算截面偏移量。

$$\Delta_1 = |M_1 - M_1'| / 2$$

$$\Delta_2 = |M_2 - M_2'| / 2$$

（2）对称度误差计算。

$$f = \frac{2f_2t + d(f_1 - f_2)}{d - t}$$

式中　f_1、f_2——截面偏移量 Δ_1、Δ_2，以绝对值大者为 f_1，小者为 f_2，mm；

t——键槽深度，mm；

d——轴的直径，mm。

（3）判断将计算的键槽对称度误差与图纸上标注的对称度公差进行比较，判断键槽的对称度误差是否合格。

相关知识

平键连接需要检测的项目主要有轴槽和轮毂槽的宽度、深度及对称度等。

在单间小批量生产时，一般常用通用计量器具（如千分尺、游标卡尺等）进行测量；大批量生产时，可采用极限量规来检验（表 2–20）。

表 2–20　键槽量规

检验项目	量规名称及图形	说明
槽宽		一端为通规，另一端为止规
轮毂槽深 $d+t_2$	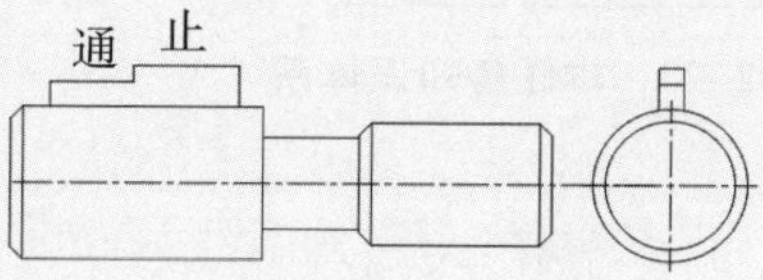	一个轴和台阶的组合，台阶分别为通规和止规
轴槽深 $d-t_1$	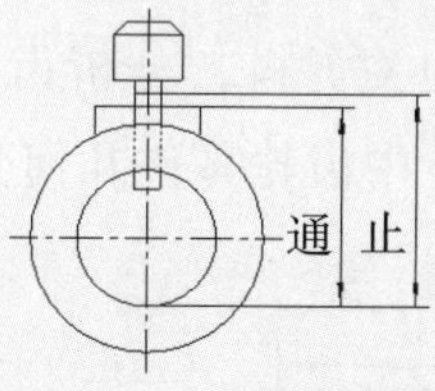	圆环内径为测量基准，上支杆可以调整到轴槽深度通或止位置
轮毂槽对称度	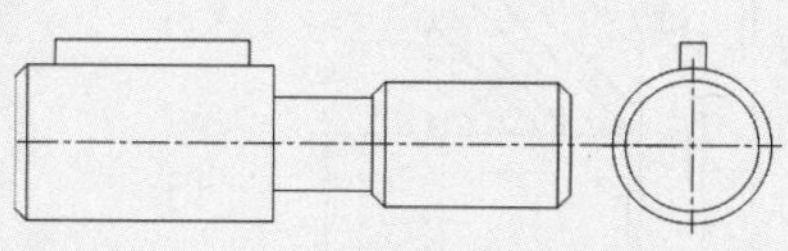	量规能塞入即为合格
轴槽对称度	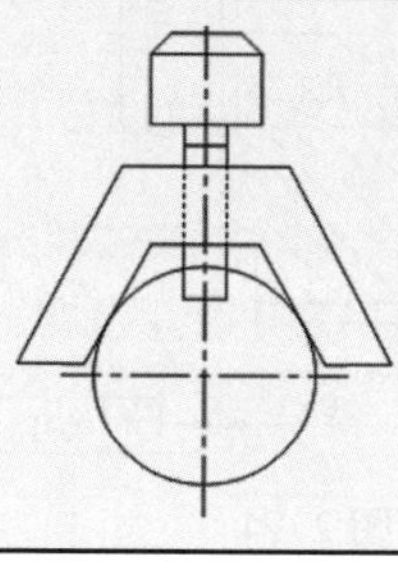	带有中心柱的 V 形块，量规能通过轴槽为合格

笔记

巩固与拓展

一、知识巩固

对照本任务知识体系图，梳理自己所掌握的知识点，并与同学相互交流、研讨对几何公差检测相关知识点的理解。

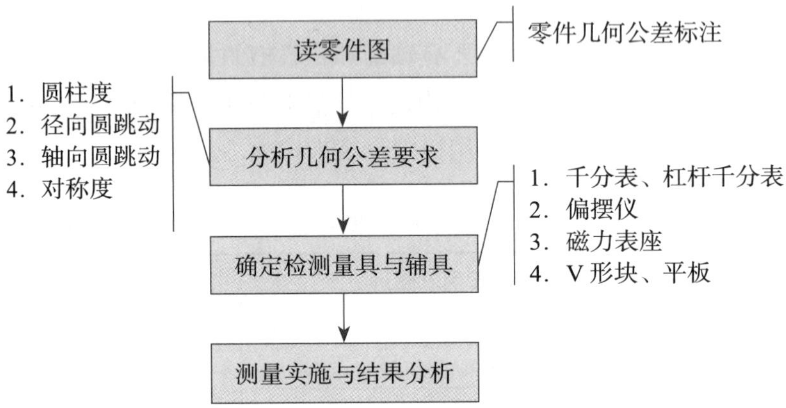

图 2–20　本任务知识体系

二、拓展任务

通过小组学习的方式，查阅相关资料，分析齿轮零件的几何公差要求，选择合适的测量工具，完成图 2–21 中齿轮零件几何公差的检测任务。

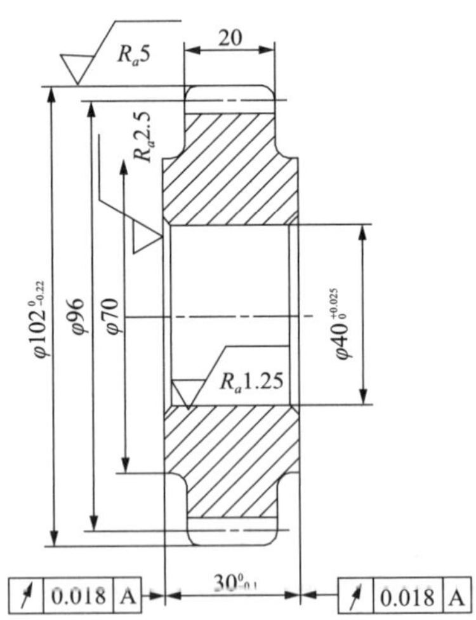

图 2–21

笔记

任务三
零件表面粗糙度检测

任务目标

通过学习本任务，学生应达到如下目标：

□ 了解表面粗糙度的评定基础与评定参数；

□ 掌握表面粗糙度在工程图样上的标注方法；

□ 熟练掌握表面粗糙度的选用原则与方法；

□ 熟悉表面粗糙度常用检测方法及表面粗糙度比较样块的使用。

任务描述

● 任务内容

选用合适的测量工具，测量如图 1–1 所示减速器输出轴表面粗糙度，掌握粗糙度比较样块的正确使用方法。

注意：被测对象可根据学校实际情况另行选择合适的轴类零件。

● 实施条件

□ 生产车间或实训基地，供学生见习、了解各种常用检测设备。

□ 表面粗糙度比较样块等。

程序与方法

步骤一　零件表面结构代号识读

相关知识

零件表面加工后看起来很光滑，但若用放大镜观察，则会发现零件表面有明显高低不平的粗糙痕迹。这种零件加工表面上所存在的较小间距的峰谷

笔记

组成的微观几何特性称为表面粗糙度，其两波峰或两波谷之间的距离（波距）很小（在 1mm 以下），用肉眼是难以区别的，因此它属于微观几何形状误差，也被称为微观不平度。

表面粗糙度与零件表面的加工方法、刀刃形状和走刀量等各种因素都有密切关系，它是评定零件表面质量的重要技术指标之一，对零件的装配、工作精度、疲劳强度、耐磨、抗腐蚀和外观等都会有显著影响。

学点历史

表面粗糙度标准的提出和发展与工业生产技术的发展密切相关，它经历了由定性评定到定量评定两个阶段。表面粗糙度对机器零件表面性能的影响在 1918 年首次受到注意，在飞机和飞机发动机设计中，由于要求用最少材料达到最大的强度，人们开始对加工表面的刀痕和刮痕对疲劳强度的影响加以研究。但由于测量困难，当时没有定量数值上的评定要求，只是根据目测感觉来确定。在 20 世纪 20—30 年代，世界上很多工业国家广泛采用三角符号（▽）和数字的组合来表示不同精度的加工表面。

为研究表面粗糙度对零件性能的影响和度量表面微观不平度的需要，从 20 年代末到 30 年代，德国、美国和英国等国的一些专家设计制作了轮廓记录仪、轮廓仪，同时也产生出了光切式显微镜和干涉显微镜等用光学方法来测量表面微观不平度的仪器，为从数值上定量评定表面粗糙度创造了条件。

从 20 世纪 30 年代起，已对表面粗糙度定量评定参数进行了研究，如美国专家就提出了用距表面轮廓峰顶的深度和支承长度率曲线来表征表面粗糙度。粗糙度评定参数及其数值的使用，真正成为一个被广泛接受的标准还是从 40 年代各国相应的国家标准发布以后开始的。

首先是美国在 1940 年发布了 ASA B46.1 国家标准，之后又经过几次修订，成为现行标准《表面结构（表面粗糙度、表面波纹度和加工纹理）（ANSI/ASME B46.1-1988）》，该标准采用中线制，并将 R_a 作为主参数；接着苏联在 1945 年发布了《表面光洁度、表面微观几何形状、分级和表示法（GOCT2789—1945）》国家标准，而后经过了 3 次修订成为《表面粗糙度参数和特征（GOCT 2789—1973）》，该标准也采用中线制，并规定了包括轮廓均方根偏差即 R_q 在内的 6 个评定参数及其相应的参数值。另外，其他工业发达国家的标准大多是在 20 世纪 50 年代制定的，如联邦德国在 1952 年 2 月发布了 DIN4760 和 DIN4762 有关表面粗糙度的评定参数和术语等方面的标准等。

表面粗糙度相关最新国家标准为：《产品几何技术规范（GPS）技术文件中表面结构的表示方法（GB/T 131—2006）》《产品几何技术规范（GPS）表面结构 轮廓法 表面粗糙度参数及其数值（GB/T 1031—2009）》《产品几何技术规范（GPS）表面结构 轮廓法 术语定义及表面结构参数（GB/T 3505—2009）》。

以上各国家标准中都采用了中线制作为表面粗糙度参数的计算方法，具体参数千差万别，但其定义的主要参数依然是 R_a 或 R_q，这也是国际交流使用最广泛的一个参数。

笔记

一、表面粗糙度的评定

根据《产品几何技术规范（GPS）表面结构 轮廓法 评定表面结构的规则和方法》（GB / T 10610—2009）规定，为了评定表面粗糙度的数值大小及其量值统一，需要确定取样长度、评定长度和基准线。

网站

查阅：国家标准 GB/T 10610—2009

1. 取样长度 l

取样长度是指评定表面粗糙度时所规定的一段基准线长度，如图 3-1 所示。规定取样长度是为了限制和减弱宏观几何形状误差，特别是表面波纹度对表面粗糙度测量结果的影响，客观真实地反映零件的表面质量。标准规定取样长度按表面粗糙程度合理取值，通常应包含至少五个轮廓峰和轮廓谷。取样长度的方向与走向一致，一般表面越粗糙，取样长度就越大，具体可参见表 3-1。

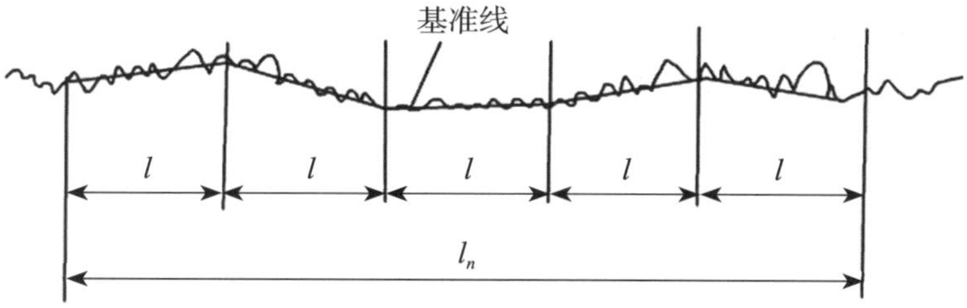

图 3-1 取样长度和评定长度

笔记

表 3–1　取样长度与评定长度的选用值

R_a / μm	R_z，R_y / μm	取样长度 l / mm	评定长度 l_n（l_n = 51）/ mm
≥ 0.008 ~ 0.02	0.025 ~ 0.1	0.08	0.4
> 0.02 ~ 0.1	0.1 ~ 0.5	0.25	1.25
> 0.1 ~ 0.2	0.5 ~ 10.0	0.8	4.0
> 2.0 ~ 10.0	10.0 ~ 50.0	2.5	12.5
> 10.0 ~ 80.8	50 ~ 320	8.0	40.0

2. 评定长度 l_n

评定长度是由于加工表面有着不同程度的不均匀性，为了充分合理地反映某一表面的粗糙度的特性规定在评定时所必需的一段表面长度，它包括一个或几个取样长度。表面形貌不均匀的表面，宜选用较长的评定长度，如表 3–1 所示。

3. 基准线

评定表面粗糙度参数值大小的一条参考线称为基准线，以中线为基准线评定轮廓表面粗糙度参数值大小有以下两种。

（1）轮廓最小二乘中线。

轮廓最小二乘中线是具有几何轮廓形状并划分轮廓的基准线。它是指在取样长度范围内，实际被测轮廓线上的各点至该线的距离平方和为最小（图 3–2）。

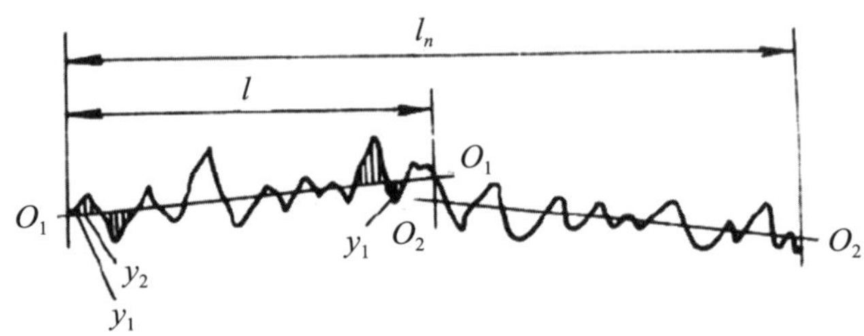

图 3–2　最小二乘中线

（2）轮廓算数平均中线。

轮廓算数平均中线是指在取样长度内，划分实际轮廓为上、下两部分，且使上、下两部分面积相等的线，即 $F_1 + F_2 + \cdots + F_n = F'_1 + F'_2 + \cdots + F'_n$，用它近似地代替最小二乘中线，如图 3–3 所示。

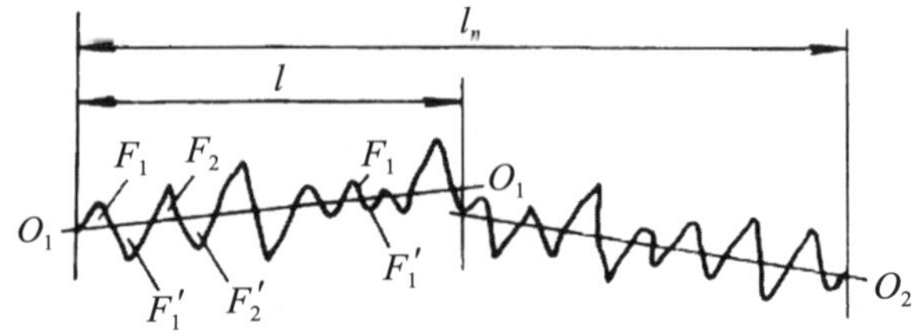

图 3–3　算术平均中线

二、表面粗糙度的评定参数

国家标准（GB / T 3505—2009）和（GB / T 1031—2009）中规定了六个评定参数，其中有关高度特性的参数三个、间距特性的参数两个、形状特性的参数一个。高度参数是目前评定表面粗糙度的主要参数，包括轮廓算数平均偏差 R_a、轮廓最大高度 R_y 和微观不平度十点高度 R_z。只有在高度参数不能满足表面质量要求时，才根据功能要求增加选用其他参数作为附加参数。

网站

查阅：国家标准 GB/T3505—2009、GB/T 1031—2009

1. 轮廓算术平均偏差 R_a

在取样长度 l 内，被测实际轮廓上各点至轮廓中线距离绝对值的算术平均值如图 3–4 所示，可以表示为

$$R_a=\frac{1}{l}\int_0^l|y|\mathrm{d}x\approx\frac{1}{n}\sum_{i=1}^{n}y_i$$

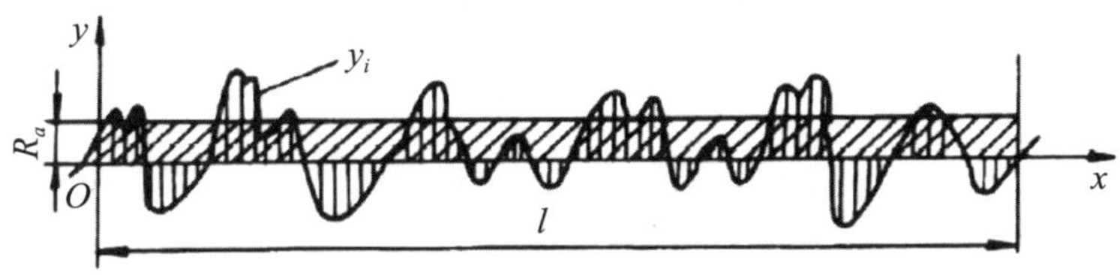

图 3–4　R_a 值的评定

2. 轮廓最大高度 R_y

在取样长度 l 内，轮廓的峰顶线和谷底线之间的最大距离如图 3–5 所示。峰顶线和谷底线平行于中线且分别通过轮廓最高点和最低点。

$$R_y=y_{p\max}+y_{v\max}$$

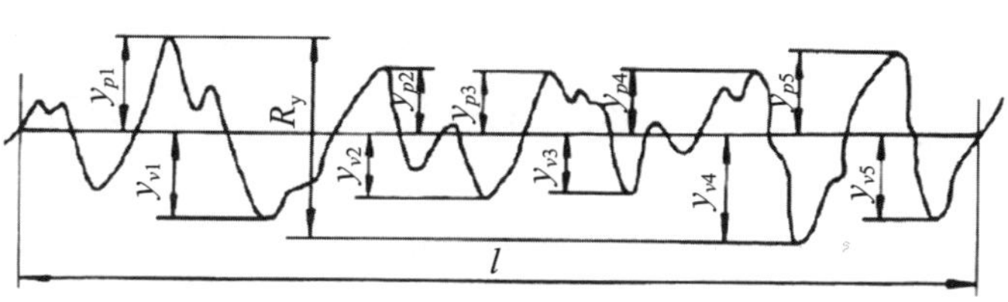

图 3–5　R_z 和 R_y 的评定

3. 微观不平度十点高度 R_z

在取样长度内，五个最大的轮廓峰高 y_{pi} 的平均值与五个最大的轮廓谷深 y_{vi} 的平均值之和，即

$$R_z=\frac{1}{5}(\sum_{i=1}^{5}|y_{pi}|+\sum_{i=1}^{5}|y_{vi})|$$

式中　y_{pi} 和 y_{vi} 分别为实际轮廓线上峰高和谷深。

笔记

提示

完工零件的表面按检验规范检测后，需与图样上给定的极限比较，以判定其是否合格。极限值判断规则有如下两种。

（1）16% 规则　运用本规则时，当被检表面测得值中，超过极限值的个数不多于总个数的 16% 时，该表面是合格的。

（2）最大规则　运用本规则时，被检的整个表面上测得的值一个也不应超过给定极限值。

16% 规则是所有表面粗糙度要求标注的默认规则。

三、表面粗糙度在图样中的标注

网站

查阅：国家标准 GB/T 131—2006

国家标准 GB/T 131—2006 规定了零件表面粗糙度符号、代号及其在图样上的注法。

1. 表面粗糙度符号

表面粗糙度符号的画法和意义如表 3–2 所示。

表 3–2　表面粗糙度符号

符号名称	符号		意义及说明
基本符号	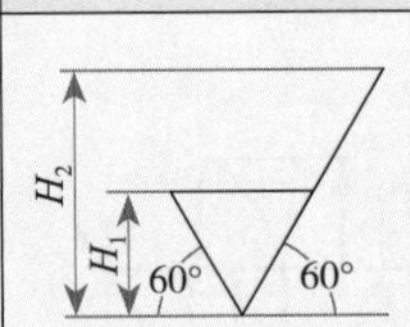	$H_1 = h$ $H_2 = 2h$	表示用任何方法获得的表面。不加注粗糙度参数值或其他说明时，仅适用于简化代号标注
扩展图形符号			基本符号加一短画，表示表面是用去除材料的方法获得的，如车、铣、钻、磨、剪切、腐蚀、抛光、气割、电火花加工等
			基本符号加一小圆，表示表面是用不去除材料的方法获得的，如铸造、锻造、热轧、冲压、粉末冶金等；或者是用于保持原供应状况的表面（包括保持上道工序的状况）
完整图形符号	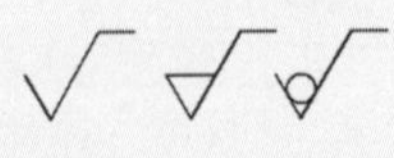		在上述三个符号的长边上均可加一横线，用于标注有关参数和说明
	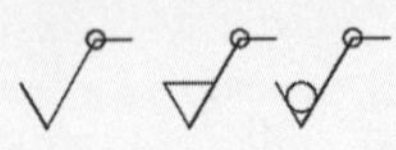		在上述三个符号上均可加一小圆，表示所有表面具有相同的表面粗糙度要求

笔记

2. 表面粗糙度代号

由表面粗糙度符号及其他表面特征要求的标注，组成了表面粗糙度的代号。表面特征各项规定在基本符号中注写的位置，如图 3–6 所示。

图 3–6 中各项符号表示的含义为：

a —— 表面粗糙度高度参数允许值（μm）；

b —— 加工方法，镀涂或其他表面处理；

c —— 取样长度（mm）；

d —— 加工纹理方向符号；

e —— 加工余量（mm）；

f —— 表征间距或形状特征的参数。

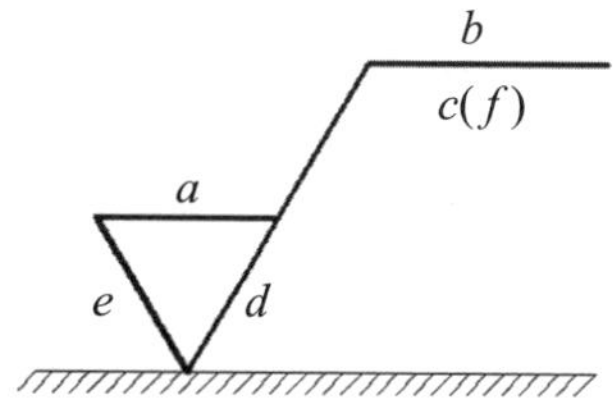

图 3–6　表面粗糙度参数的标注

高度参数选用 R_a 时，可以省略其代号而只标注允许值。参数为 R_z 或 R_y 时，允许值前必须注出相应的参数符号。如果取样长度按标准选用时，则可省略标注。对其他附加要求，如加工方法、加工纹理方向、加工余量等附加参数，可根据需要确定是否标注。应用示例如表 3–3 所示。

表 3–3　表面粗糙度代号应用示例

代号	含义
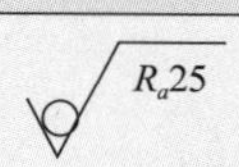	表示表面用非去除材料的方法获得，单向上限值，轮廓算术平均偏差 R_a 为 25μm
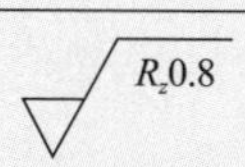	表示表面用去除材料的方法获得，单向上限值，轮廓最大高度 R_z 为 0.8μm
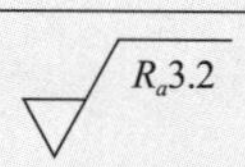	表示表面用去除材料的方法获得，单向上限值，轮廓算术平均偏差 R_a 为 3.2μm
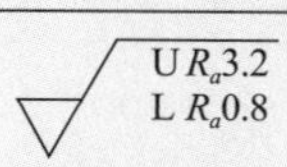	表示表面用去除材料的方法获得，双向极限值，轮廓算术平均偏差 R_a 的上限值为 3.2μm，下限值为 0.8μm
	表示表面用任意加工方法获得，单向下限值，轮廓算术平均偏差 R_a 为 3.2μm

3. 表面粗糙度代（符）号在图样上的标注

表面结构要求对每一表面一般只标注一次，并尽可能注在相应的尺寸及其公差的同一视图上。除非另有说明，所标注的表面结构要求是对完工零件表面的要求。

表面粗糙度符号、代号一般注在可见轮廓线、尺寸界线或其延长线上，符号的尖端必须从材料外指向被注表面，代号中数字及符号的注写方向与尺寸数字方向一致。

笔记

当零件大部分表面具有相同的表面粗糙度时，对其中使用最多的一种符号、代号可统一标注在图样的右上角，并加注“其余”两字，统一标注的代号及文字高度应是图形上其他表面所注代号和文字的 1.4 倍。标注示例如图 3–7 所示。

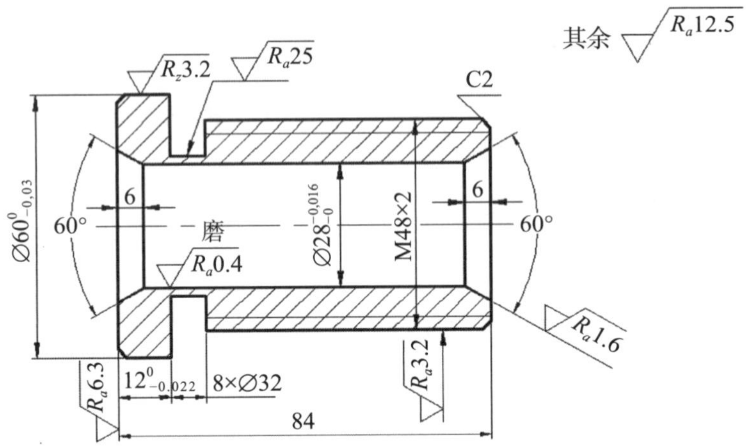

图 3–7　工程图样中标注示例

提示

表面粗糙度参数的单位是 μm。

注写 R_a 时，可以只写数值；注写 R_z 时，应同时注 R_z 和数值。

只标注一个值时，表示为上限值；标注两个值时，表示为上限值和下限值。

做一做

（1）$\sqrt{R_a3.2}$ 表示表面用去除材料的方法获得，单向上限值，轮廓算术平均偏差 R_a 为 3.2μm。

（2）图形右上角的其余 $\sqrt{R_a12.5}$，表明图中未注明表面结构要求的所有表面均用去除材料的方法获得，要求最大高度 R_a 的单向上限值为 12.5μm。

步骤二　表面粗糙度的选用

做一做

仔细阅读图 1–1 减速器输出轴零件图，查阅相关资料，阐述图中 $\phi45^{+0.02}_{-0.08}$、

笔记

$\phi55^{+0.021}_{-0.006}$、$\phi58^{+0.010}_{-0.007}$ 以及 $14^{-0.018}_{-0.061}$ 等主要表面的粗糙度值的选择原则，并在小组内进行分析交流。

减速器输出轴表面粗糙度选择分析如下。

（1）$\phi55$ 轴颈尺寸精度为 IT6，主要为了保证与轴承的配合性质，所以表面粗糙度 $R_a \leqslant 0.8\mu m$，是加工要求最高的部位。

（2）$\phi58$ 轴头处安装从动齿轮，为了保证齿轮的运动精度，除按 IT6 给出尺寸公差，还规定了对基准轴线 A—B 的径向圆跳动公差（0.025mm），表面粗糙度要求比 $\phi55$ 轴颈配合处略低，所以选择 $R_a \leqslant 1.6\mu m$。

（3）$\phi45$ 的轴头部分安装皮带轮，规定了对基准轴线 A—B 的径向圆跳动公差（0.025mm），表面粗糙度要求比 $\phi55$ 轴颈配合处略低，所以选择 $R_a \leqslant 1.6\mu m$。

（4）$\phi62$ 处两轴肩都是止推面，对配合件起定位作用，要求保证对基准轴线 A—B 的端面圆跳动公差（0.015mm），表面粗糙度 $R_a \leqslant 3.2\mu m$。

（5）国家标准中规定，平键连接结合面轴槽、轮毂槽的键槽宽度两侧的表面粗糙度 R_a 值为 1.6 ~ 3.2μm，所以 14mm、16mm 的键槽两侧粗糙度 $R_a \leqslant 3.2\mu m$。

相关知识

一、表面粗糙度选择原则

表面粗糙度对零件使用情况有很大影响。一般来说，表面粗糙度数值小，会提高配合质量，减少磨损，延长零件使用寿命，但零件的加工费用会增加。因此，要正确、合理地选用表面粗糙度数值。在设计零件时，表面粗糙度数值的选择，是根据零件在机器中的作用决定的。

例如，减速器输出轴上 $\phi55^{+0.021}_{-0.006}$ 轴颈部分要与轴承相配合，表面粗糙度数值应选择得小些；$\phi52$ 的轴身部分没有配合要求，表面粗糙度数值选择得大些。具体数值可按表 3–4 选择或查设计手册。总的原则为：在保证满足技术要求的前提下，选用较大的表面粗糙度数值。

表 3–4　表面粗糙度 R_a 的推荐选用值

应用场合		基本尺寸 / mm					
	公差等级	≤ 50		＞50~120		＞120~500	
		轴	孔	轴	孔	轴	孔
经常装拆零件的配合表面	IT5	≤ 0.2	≤ 0.4	≤ 0.4	≤ 0.8	≤ 0.4	≤ 0.8
	IT6	≤ 0.4	≤ 0.8	≤ 0.8	≤ 1.6	≤ 0.8	≤ 1.6
	IT7	≤ 0.8		≤ 1.6		≤ 1.6	
	IT8	≤ 0.8	≤ 1.6	≤ 1.6	≤ 3.2	≤ 1.6	≤ 3.2

笔记

续表

<table>
<tr><th colspan="3">应用场合</th><th colspan="7">基本尺寸 / mm</th></tr>
<tr><td rowspan="4">过盈配合</td><td rowspan="3">压入装配</td><td>IT5</td><td colspan="2">≤ 0.2</td><td>≤ 0.4</td><td>≤ 0.4</td><td>≤ 0.8</td><td>≤ 0.4</td><td>≤ 0.8</td></tr>
<tr><td>IT6~IT7</td><td colspan="2">≤ 0.4</td><td>≤ 0.8</td><td>≤ 0.8</td><td>≤ 1.6</td><td>≤ 1.6</td><td>—</td></tr>
<tr><td>IT8</td><td colspan="2">≤ 0.8</td><td>≤ 1.6</td><td>≤ 1.6</td><td>≤ 3.2</td><td>≤ 3.2</td><td>—</td></tr>
<tr><td>热装</td><td>—</td><td colspan="2">≤ 1.6</td><td>≤ 3.2</td><td>≤ 1.6</td><td>≤ 3.2</td><td>≤ 1.6</td><td>≤ 3.2</td></tr>
<tr><td rowspan="4" colspan="2">滚动轴承的配合表面</td><td>公差等级</td><td colspan="4">轴</td><td colspan="3">孔</td></tr>
<tr><td>IT6~IT9</td><td colspan="4">≤ 0.8</td><td colspan="3">≤ 1.6</td></tr>
<tr><td>IT10~IT12</td><td colspan="4">≤ 1.6</td><td colspan="3">≤ 3.2</td></tr>
<tr><td>液体湿摩擦条件</td><td colspan="4">≤ 0.4</td><td colspan="3">≤ 0.8</td></tr>
<tr><td rowspan="2" colspan="3">圆锥结合的工作面</td><td colspan="3">密封结合</td><td colspan="2">对中结合</td><td colspan="2">其他</td></tr>
<tr><td colspan="3">≤ 0.4</td><td colspan="2">≤ 1.6</td><td colspan="2">≤ 6.3</td></tr>
<tr><td rowspan="6" colspan="2">密封材料处的孔、轴表面</td><td rowspan="2">密封形式</td><td colspan="7">速度 / （m / s）</td></tr>
<tr><td colspan="3">< 3</td><td colspan="2">3~5</td><td colspan="2">> 5</td></tr>
<tr><td>橡胶圈密封</td><td colspan="3">0.8~1.6（抛光）</td><td colspan="2">0.4~0.8（抛光）</td><td colspan="2">0.2~0.4（抛光）</td></tr>
<tr><td>毛毡密封</td><td colspan="5">0.8~1.6（抛光）</td><td colspan="2">—</td></tr>
<tr><td>迷宫式</td><td colspan="5">3.2~6.3</td><td colspan="2">—</td></tr>
<tr><td>涂油槽式</td><td colspan="5">3.2~6.3</td><td colspan="2">—</td></tr>
<tr><td rowspan="3" colspan="2">精密定心零件的配合表面</td><td rowspan="3">IT5~IT8</td><td>径向跳动</td><td>2.5</td><td>4</td><td>6</td><td>10</td><td>16</td><td>25</td></tr>
<tr><td>轴</td><td>≤ 0.05</td><td>≤ 0.1</td><td>≤ 0.1</td><td>≤ 0.2</td><td>≤ 0.4</td><td>≤ 0.8</td></tr>
<tr><td>孔</td><td>≤ 0.1</td><td>≤ 0.2</td><td>≤ 0.2</td><td>≤ 0.4</td><td>≤ 0.8</td><td>≤ 1.6</td></tr>
<tr><td rowspan="3" colspan="3">V 带轮和平带轮工作表面</td><td colspan="7">带轮直径 / mm</td></tr>
<tr><td colspan="3">< 120</td><td colspan="2">120~315</td><td colspan="2">> 315</td></tr>
<tr><td colspan="3">1.6</td><td colspan="2">3.2</td><td colspan="2">6.3</td></tr>
<tr><td rowspan="3" colspan="2">箱体分界面（减速箱）</td><td>类型</td><td colspan="4">有垫片</td><td colspan="3">无垫片</td></tr>
<tr><td>需要密封</td><td colspan="4">3.2~6.3</td><td colspan="3">0.8~1.6</td></tr>
<tr><td>不需要密封</td><td colspan="7">6.3~12.5</td></tr>
</table>

二、表面粗糙的选用方法

参数值的选择通常采用类比法，设计者首先以类似零件为依据，经过分析比较，取长补短，初步确定其设计表面粗糙度参数值。具体选择时，可以参考下述原则。

（1）工作表面比非工作表面的粗糙度数值小。

（2）摩擦表面比不摩擦表面的粗糙度数值小。摩擦表面的摩擦速度越高，所受的单位压力越大，则粗糙度应越高；滚动摩擦表面比滑动摩擦表面要求粗糙度数值小。

（3）对于间隙配合，配合间隙越小，粗糙度数值应越小；对于过盈配合，为保证连接强度的牢固可靠，载荷越大，要求粗糙度数值越小。一般情况下，间隙配合比过盈配合粗糙度数值要小。

（4）配合表面的粗糙度应与其尺寸精度要求相当。配合性质相同时，零件尺寸越小，则粗糙度数值应越小；同一精度等级，小尺寸比大尺寸粗糙度数值要小，轴比孔粗糙度数值要小（特别是 IT5 ~ IT8 的精度）。

（5）受周期性载荷的表面及可能会由于应力集中产生内圆角，凹处粗糙度数值应较小。

（6）尺寸公差、形状公差和表面粗糙度是在设计图样上同时给出的基本要求，三者互相存在密切联系，故取值时应相互协调，一般应符合：尺寸公差 > 形状公差 > 表面粗糙度，以供参考。

（7）要求防腐蚀、密封性能好或外表美观等表面的粗糙度值应较小。

（8）考虑加工方法确定表面粗糙度。表面粗糙度与加工方法有密切的关系，在确定零件的表面粗糙度时，应考虑可能的加工方法，表 3–5 列出了表面粗糙度的表面特征、经济加工方法及应用举例，供选取时参考。

表 3–5　表面粗糙度的表面特征、经济加工方法应用举例　（μm）

表面微观		R_a	R_z	加工方法	应用举例
粗糙表面	可见刀痕	> 20 ~ 40	> 80 ~ 160	粗车、粗铣、粗刨、钻孔、毛锉、锯断、粗砂轮等加工	半成品粗加工过的表面，非配合的加工表面，如轴端面、倒角、钻孔、齿轮和带轮侧面、键槽底面、垫圈接触面等
	微见刀痕	> 10 ~ 20	> 40 ~ 80		
半光表面	微见加工痕迹	> 5 ~ 10	> 20 ~ 40	车、铣、刨、镗、钻、粗铰	轴上不安装轴承、齿轮处的非配合表面，紧固件的自由配合表面，轴和孔的退刀槽等
	微见加工痕迹	> 2.5~5	> 10~20	车、铣、刨、镗、磨、拉、粗刮、滚压	半精加工表面，箱体、支架、盖面、套筒等和其他零件结合而无配合要求的表面，需要发蓝的表面等

笔记

续表

表面微观		R_a	R_z	加工方法	应用举例
	看不清加工痕迹	＞12.5~2.5	＞6.3~10	车、铣、刨、镗、磨、拉、刮、压、铣齿	接近于精加工表面，箱体上安装轴承的镗孔表面，齿轮的加工面
光表面	可辨加工痕迹方向	＞0.63~12.5	＞3.2~6.3	车、镗、磨、拉、刮、精铰、磨齿、滚压	圆柱销，圆锥销，与滚动轴承配合的表面，卧式车床导轨面，内、外花键定心表面等
	微辨加工痕迹方向	＞0.32~0.63	＞1.6~3.2	精铰、精镗、磨、刮、滚压	要求配合性质稳定的配合表面，工作时受交变应力的重要零件，较高精度车床的导轨面
	不可辨加工痕迹方向	＞0.16~0.32	＞0.8~1.6	精磨、研磨、超精加工	精密机床主轴锥孔、顶尖圆锥面、发动机曲轴、凸轮轴工作表面、高精度齿轮齿面
极光表面	暗光泽面	＞0.08~0.16	＞0.4~0.8	精磨、研磨、普通抛光	精密机床主轴轴颈表面，一般量规工作表面，汽缸套内表面，活塞销表面等
	亮光泽面	＞0.04~0.08	＞0.2~0.4	超精磨、精抛光、镜面磨削	精密机床主轴轴颈表面，滚动轴承的滚珠，高压液压泵中柱塞和柱塞套配合表面
	镜状光泽面	＞0.01~0.04	＞0.05~0.2		
	镜面	≤ 0.01	≤ 0.05	镜面磨削、超精研	高精度量仪、量块的工作表面，光学仪器中的金属镜面

步骤三　表面粗糙度检测方法选择

做一做

根据图 1–1 减速器输出轴的主要表面的粗糙度要求，选择合适的表面粗糙度比较样块，准备在现场对零件表面进行粗糙度检测。

目前，常用的表面粗糙度测量方法主要有样板比较法、光切法、干涉法、触针法等。

轴类零件外圆表面常用的机械加工方法有车削、磨削和各种光整加工方法。

由于各种加工方法所能达到的经济加工精度、表面粗糙度、生产率和生产成本各不相同，因此必须根据具体情况，选用合理的加工方法，从而加工出满足零件图纸上要求的合格零件。选择零件表面加工方法，常根据经验或查表来确定（表 3–6）。

笔记

表 3-6　常见的轴类零件加工方案

序号	加工方案	经济精度等级	表面粗糙度 R_a/μm	适用范围
1	粗车	IT11 以下	50 ~ 12.5	适用于淬火钢以外的各种金属
2	粗车—半精车	IT10 ~ IT8	6.3 ~ 3.2	
3	粗车—半精车—精车	IT8 ~ IT7	1.6 ~ 0.8	
4	粗车—半精车—精车—滚压（或抛光）	IT8 ~ IT7	0.2 ~ 0.025	
5	粗车—半精车—磨削	IT8 ~ IT7	0.8 ~ 0.4	主要用于淬火钢，也可用于未淬火钢，但不宜加工有色金属
6	粗车—半精车—粗磨—精磨	IT7 ~ IT6	0.4 ~ 0.1	
7	粗车—半精车—粗磨—精磨—超精加工	IT5	0.1 ~ 0.012	
8	粗车—半精车—精车—金刚石车	IT7 ~ IT6	0.4 ~ 0.025	主要用于要求较高的有色金属加工
9	粗车—半精车—粗磨—精磨—超精磨或镜面磨	IT5 以上	0.025 ~ 0.006	极高精度的外圆加工
10	粗车—半精车—粗磨—精磨—研磨	IT5 以上	0.1 ~ 0.006	

零件表面加工方法与表面粗糙度检测方法选择分析如下。

（1）该输出轴的材料为 45 钢。

（2）$\phi45^{+0.02}_{-0.08}$、$\phi58^{+0.010}_{-0.007}$ 的轴头部分以及 $\phi55^{+0.021}_{-0.006}$ 的轴颈部分分别与轮毂和轴承配合，精度要求较高，表面粗糙度 $R_a \leqslant 0.8\mu m$、$1.6\mu m$，所以其最终加工方法为外圆磨削。

（3）$14^{-0.018}_{-0.061}$ 和 $16^{-0.018}_{-0.061}$ 的键槽两侧为工作面，表面粗糙度 $R_a \leqslant 3.2\mu m$，加工方法为铣削。

（4）轴上其他表面粗糙度要求较低，$\phi62$ 两轴肩止推面 $R_a \leqslant 3.2\mu m$，其他 $R_a \leqslant 12.5\mu m$，车削加工即可保证加工精度。

（5）因此在车间现场完成图 1–1 的表面粗糙度检测任务，用到的比较样块有车削、外磨和立铣表面粗糙度比较样块。

相关知识

测量表面粗糙度参数值时，若图样上无特别注明测量方向，则应在尺寸最大的方向上测量。通常就是在垂直于加工纹理方向的截面上测量。对无一定加工纹理方向的表面（如研磨、电火花等加工表面），应在几个不同的方向上测量，取最大值为测量结果。此外，应注意测量时不要把表面缺陷（如气孔、划痕等）包含进去。

笔记

表面粗糙度常用的检测方法有目测检查、比较法、光切法、干涉法、针触法和印模法等，常用的工具是双管显微镜和干涉显微镜等。

一、目测检查

对于明显不需要用更精确方法检测工件表面的场合，选用目测法检查工件。例如，零件表面粗糙度明显比允许值好，或明显不好，或者因为实际存在着明显影响表面功能的表面缺陷。

二、比较法

如果目测检查不能做出判断，可采用比较法。比较法是将被测量表面与标有一定数值的粗糙度样板比较来确定被测表面粗糙度数值的方法。图3–8所示为表面粗糙度比较样块，由车床、外磨、立铣等样块组成。

图 3–8　表面粗糙度比较样块

比较时可以采用肉眼观察或手动触摸，也可借助放大镜或显微镜等工具。比较时要求样板的加工方法、加工纹理、加工方向、材料与被测零件表面相同。

该方法测量简便易行，适用于车间现场测量。其缺点是评定结果的可靠性很大程度上取决于检测人员的经验；常用于中等或较粗糙表面的测量。

三、光切法

光切法是指利用光切原理来测量表面粗糙度的一种方法，常用的测量仪器是光切显微镜，又称双管显微镜，如图3–9所示。

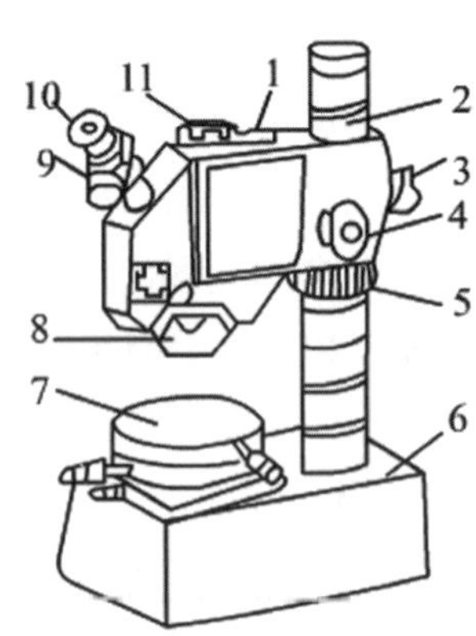

图 3–9　双管显微镜

1– 光源；2– 立柱；3– 锁紧螺丝；4– 微调手轮；5– 粗调手轮；6– 底座；7– 工作台；8– 物镜；9– 测微鼓轮；10– 目镜；11– 照相机插座

光切法测量原理如图3–10所示。光源发出的光线经聚光镜和狭缝形成一束扁平光带，通过物镜以45°方向投射在被测表面上。由于被测表面上存在微观不平的峰谷，因而在与入射光呈垂直方向，即与被测表面呈另一个45°方向经另一物镜反射到目镜分划板上，从目镜中可以看到被测表面实际轮廓的影像，测出轮廓影

笔记

像的高度 N，根据显微镜的放大倍数 K，即可算出被测轮廓的实际高度 h 为

$$h=\frac{N}{K}\cos 45^{\circ}=\frac{\sqrt{2}}{2}\frac{N}{K}=\frac{N}{\sqrt{2}K}$$

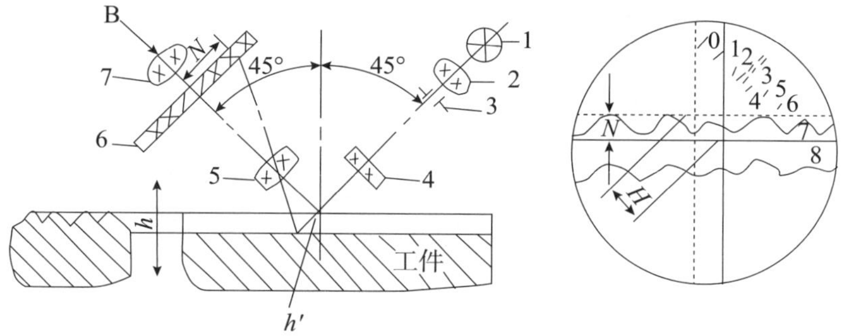

图 3–10　光切法测量原理

1– 光源；2– 聚光镜；3– 狭缝；4、5– 物镜；
6– 分划板；7– 目镜

光切法可用做 R_y 与 R_z 参数评定，测量范围一般为 0.8～80μm，光切显微镜也可用于测量较规则表面，不适合测量粗糙度要求较高的表面及不规则的表面。对于大零件内表面，可用印模法复制被测表面，制成模型，然后再用光切法测量出表面粗糙度。

四、干涉法

干涉法是利用光波干涉原理将被测表面的形状误差以干涉条纹图形显示出来，并利用放大倍数高（可达 500 倍）的显微镜将这些干涉条纹的微观部分放大后进行测量，以得出被测表面粗糙度的一种方法。

应用此法常用的测量工具为干涉显微镜。图 3–11 所示为国产 6JA 型干涉显微镜外形图，其光学系统如图 3–12 所示，光源 1 发出的光线经聚光镜 2 和反光镜 3 转向，通过光阑 4、5，聚光镜 6 投射到分光镜 7 上，通过分光镜 7 的半透半反膜后分成两束。一束光透过分光镜 7，经补偿镜 8、物镜 9 至被测表面 P_2，再由 P 反射经原路返回，再经分光镜 7 反射向目镜 14；另一束光经分光镜 7 反射，经滤光镜 17、物镜 10 射至参考镜 P_1，再由 P_1 反射回来，透过分光镜射向目镜 14。两束光在目镜 14 的焦平面上相遇叠加。由于被测表面粗糙不平，所以这两路光束相遇后形成与其相应的起伏不平的干涉条纹，如图 3–13 所示。利用测微目镜，测量干涉条纹的弯曲量及两相邻条纹之间的距离，即可算出相应的峰、谷高度差。

这种方法适用于测量 R_z 和 R_y 为 0.025～0.8μm 的表面粗糙度，不适于测量非规则表面（如磨、研磨等）的粗糙度。

笔记

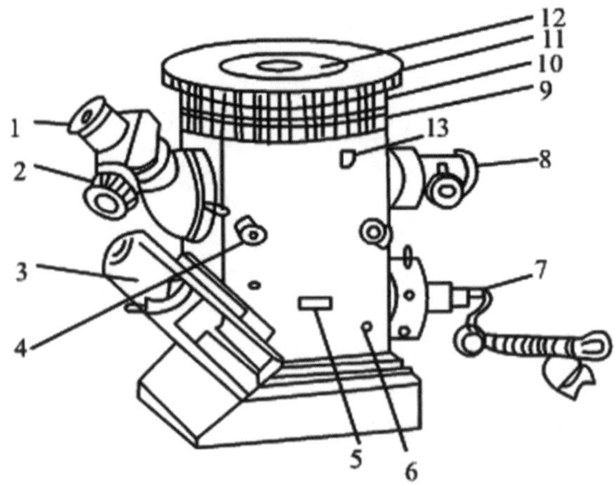

图 3–11　6JA 型干涉显微镜外形图

1– 目镜；2– 测微鼓轮；3– 照相机；4、5、8、13（背图）– 手轮；
6– 手柄；7– 光源；9、10、11– 滚花轮；12– 工作台

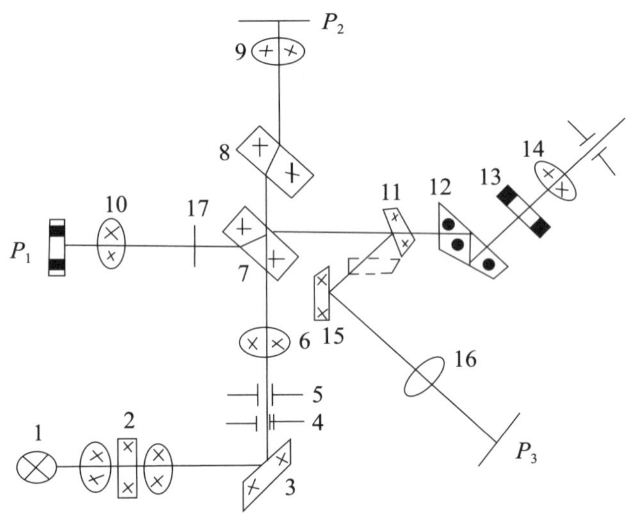

图 3–12　6JA 型干涉显微镜光学系统图

1– 光源；2、6、13– 聚光镜；3、11、15– 反光镜；4、5– 光阑；
7– 分光镜；8– 补偿镜；9、10、16– 物镜；12– 折射镜；
14– 目镜；17– 滤光片

图 3–13　干涉条纹

五、针触法

针触法是利用针尖曲率半径为 2μm 左右的金刚石触针沿被测表面缓慢滑

行，金刚石触针的上、下位移量由电学式长度传感器转换为电信号，经放大、滤波、计算后由显示仪表指示出表面粗糙度数值的一种方法，也可用记录器记录被测截面轮廓曲线，故又称为轮廓法。

一般将仅能显示表面粗糙度数值的测量工具称为表面粗糙度测量仪，同时能记录表面轮廓曲线的称为表面粗糙度轮廓仪（简称“轮廓仪”）。这两种测量工具都有电子计算电路或电子计算机，它能自动计算出轮廓算术平均偏差 R_a、微观不平度十点高度 R_z、轮廓最大高度 R_y 和其他多种评定参数，测量效率高。

电动轮廓仪就是用针触法测定表面粗糙度的常用仪器。国产 BCJ–2 型电动轮廓仪外形如图 3–14 所示，其测量的基本原理为：将被测工件 5 放在工作台 3 的定位块 2 上，调整工件（或驱动箱 8）的倾斜度，使工件被测表面平行于传感器 7 的滑行方向。调整传感器及触针 6 的高度，使触针与被测表面适当接触。启动电动机，使传感器带动触针在工件被测表面滑行。由于被测表面有微小的峰谷，使触针在滑行的同时还沿轮廓的垂直方向上、下运动。触针的运动情况实际上反映了被测表面轮廓的情况。将触针运动的微小变化通过传感器转换成电信号，并经计算和处理，便可由指示表 9 直接显示出 R_a 的大小。

用针触法测量表面粗糙度的最大优点是能够直接读出表面粗糙度 R_a 的数值，此外它还能测量平面、轴、孔和圆弧面等各种形状的表面粗糙度，但受触针接触测量的影响，针触法测量表面粗糙度的范围为 0.01～5μm。

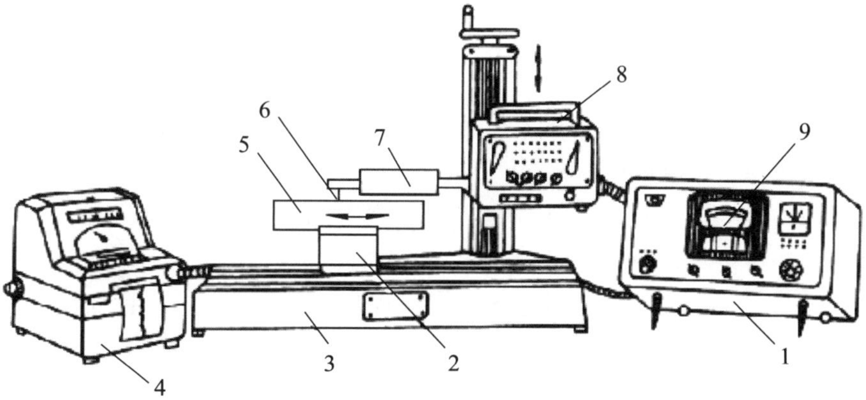

图 3–14　电动轮廓仪

1– 电箱；2–V 形块；3– 工作台；4– 记录器；5– 工件；
6– 触针；7– 传感器；8– 驱动箱；9– 指示表

六、印模法

印模法是指用塑性材料将被测表面印模下来，然后对印模表面进行测量。常用的印模材料有川蜡、石蜡和低熔点合金等。这些材料的强度和硬度

笔记

都不高，故一般不用针触法测量它。由于印模材料不可能填满谷底，且取下印模时往往使印模波峰削平，所以测得印模的 R_a 值比实际略有缩小，一般需根据实验修正。

印模法适用于大尺寸零件的内表面，测量范围为 0.8 ~ 330μm。

步骤四　用比较样块检测表面粗糙度

比较法是在工厂里常用的方法，用眼睛或放大镜对被测表面与粗糙度样板比较，或用手摸靠感觉来判断表面粗糙度的情况。这种方法的优点是检测方便、成本低、对环境要求不高，适用于车间现场测量。该方法的缺点是评定结果的可靠性很大程度上取决于检测人员的经验，不能给出具体的参数误差值。

采用表面粗糙度比较样块检测表面质量时，要根据被测对象选择样块，即样块的材质与被测工件的材质相同，样块的加工方法与被测表面的加工方法相同。

做一做

一、准备工具

准备与零件表面加工方法相同的车床、外磨、立铣等粗糙度比较样块。

二、测量方法与过程

（1）$\phi45_{-0.08}^{+0.02}$、$\phi58_{-0.007}^{+0.010}$ 的轴头部分以及 $\phi55_{-0.006}^{+0.021}$ 的轴颈部分分别与轮毂和轴承配合，精度要求较高，表面粗糙度 $R_a \leqslant 0.8\mu m$，加工方法为磨削，因此选取外磨粗糙度比较样块。

将被检验表面与样块靠在一起，反复观察比较两表面的加工痕迹、反光的强弱，获得被测表面的表面粗糙度。必要时，借助放大镜或显微镜等工具。

（2）$\phi52$ 的轴身部分精度要求低，表面粗糙度 $R_a \leqslant 1.5\mu m$，加工方法为车削，因此选取车床粗糙度比较样块。

（3）$14_{-0.061}^{-0.018}$ 和 $16_{-0.061}^{-0.018}$ 的键槽两侧为工作面，表面粗糙度 $R_a \leqslant 3.2\mu m$，加工方法为铣削，因此选取立铣粗糙度比较样块。

（4）将测得的数据与图纸要求进行比较，判断零件的合格性。

（5）将检测和判断结果填入任务报告单中。

笔记

巩固与拓展

一、知识巩固

对照本任务知识体系图，梳理自己所掌握的知识点，并与同学相互交流、研讨对零件表面粗糙度检测知识点的理解。

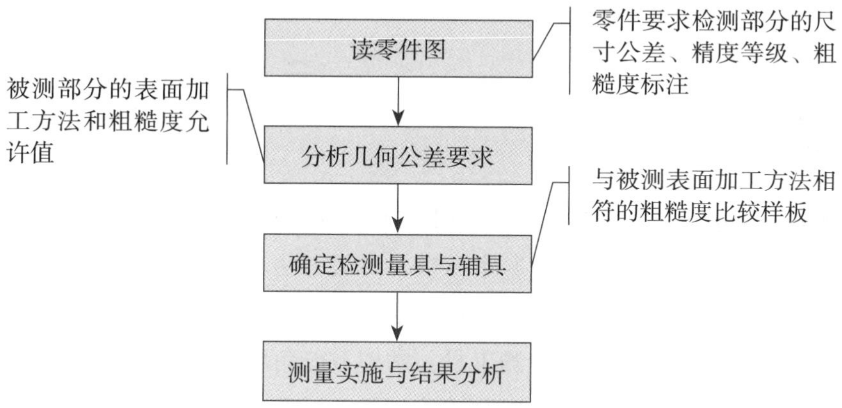

图 3–15　本任务知识体系

二、拓展任务

图 3–7 中的零件主要表面和图 1–1 的输出轴相比，不仅有外圆表面还有磨削加工的内孔，外圆表面上有沟槽和螺纹等，同时内孔两端还有 60° 的锥面。

通过小组学习的方式，查阅相关资料，选择合适的比较样块，完成零件表面粗糙度的检测任务。

笔记

任务四
圆锥度和角度的测量

任务目标

通过学习本任务，学生应达到如下目标：

□ 了解圆锥配合的特点、基本参数、形成方法和基本要求；

□ 熟悉圆锥公差项目和给定方法，掌握圆锥公差的标注；

□ 熟悉圆锥度和角度的检测工具，掌握万能角度尺等工具的使用方法。

任务描述

● 任务内容

选择合适的量具，完成图 4–1 所示机床顶尖中 1 : 7 的圆锥度测量，掌握万能角度尺等相关角度测量工具的使用方法，合理分析测量误差，并科学处理测量结果。

注意：被测对象可根据学校实际情况另行选择合适的零件。

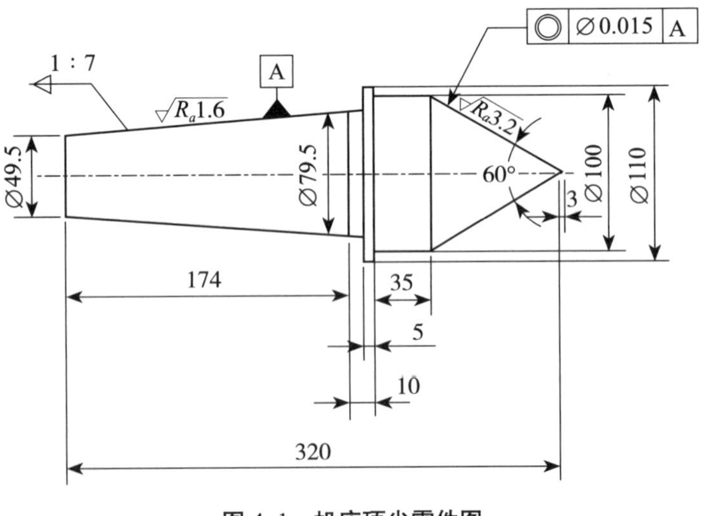

图 4–1　机床顶尖零件图

笔记

● 实施条件

□ 生产车间或实训基地，供学生见习、了解各种常用检测设备。
□ 万能角度尺等角度测量工具。

程序与方法

步骤一　测量要求分析

做一做

根据使用要求，确定该顶尖的 1∶7 部分圆锥角公差为 AT8，查阅相关资料，试确定其锥角公差值和验收极限。

机床顶尖圆锥度测量分析如下。

表达圆锥体的大小可以由圆锥体的大端直径 D、小端直径 d、两底圆之间的轴向距离 L、圆锥角 α 等 4 个参数中的任意三个来确定。

由图 4–1 可以看出，顶尖的 1∶7 部分大端直径为 ϕ59.5mm，小端直径为 ϕ49.5mm，长度为 174mm。

已知其圆锥角公差为 AT8，查阅相关资料，可得：

该顶尖的圆锥角 α 为 8.171234°，约 8° 10′ 16.4″。

圆锥角公差 AT_α 为 250μrad 或 52″，

$AT_D = AT_\alpha \cdot L \times 10^{-3} = 250 \times 174 \times 10^{-3} \approx 43.5\mu m$。

小知识

1μrad 等于半径为 1m，弧长为 1μm 所对应的圆心角。

微弧度与分、秒的关系为：

5μrad ≈ 1″　　300μrad ≈ 1′

学点历史

度是平面角的单位，符号为“°”。一周角分为 360 等份，每份定义为 1 度（1°）。

古巴比伦人把圆周等分为 360 份，这是 60 进制角度制的源头。

笔记

之所以采用 360 这个数值，是因为它容易被整除，所以很多特殊的角的角度都是整数。

360 能够被 1、2、3、4、5、6、8、9、10 整除，能被这么多数整除的最小整数就是 360。而且对于我们日常用的或是常碰到的"角"，都可以很好地描述，比如转一圈是 360°，平面是 180°，直角是 90°，东南与南方的夹角是 45°。

360 除了 1 和自己本身外，还有 22 个真因子（2、3、4、5、6、8、10、12、15、18、20、24、30、36、45、60、72、90、120、180）。

除了角度制外，弧度制也可以测量角的大小，弧度制采用圆周角的 1/2π 为 1 弧度，即长度等于半径的弧长所对的圆心角叫作 1 弧度，记作 1 rad。1 弧度约等于 57° 17′ 45″。

弧度制的基本思想是使圆半径与圆周长有同一度量单位，然后用对应的弧长与圆半径之比来度量角度，这一思想的雏形起源于印度。

此外，军事上常用密位作量角的单位。为使 1 密位所对的弧长约略等于半径的 1/1000，取圆周角的 1/6000 为 1 密位。

相关知识

一、圆锥配合的特点

圆锥面是组成机械零件的一种常用的几何要素。圆锥结合是常用的连接与配合形式。圆锥比圆柱的结构复杂，与圆柱配合相比较，圆锥配合具有以下特点。

（1）相配合的内、外两圆锥在轴向力的作用下，能自动对准中心，保证内、外圆锥体轴线具有较高的同轴度，且拆装方便。

（2）圆锥配合的间隙和过盈，可随内、外圆锥体的轴向相互位置不同而得到调整，而且能补偿零件的磨损，延长配合的使用寿命。

（3）圆锥配合具有较好的自锁性和密封性。

圆锥配合虽然具有以上优点，但它与圆柱体配合相比，影响互换性的参数比较复杂，加工和检验也较麻烦，故应用不如圆柱配合广泛。

二、圆锥配合的基本参数

锥度与锥角的基本参数有圆锥表面、圆锥体、圆锥长度、圆锥角、圆锥直径和锥度。

笔记

1. 圆锥表面

圆锥表面是指由与轴线呈一定角度，且一端相交于轴线的一条线段（母线），围绕着该轴线旋转形成的表面。

2. 圆锥体

圆锥体是指由圆锥表面与一定尺寸所限定的几何体（图 4–2）。

3. 圆锥长度 L

圆锥长度 L 是指最大圆锥直径截面与最小圆锥直径截面之间的轴向距离。

4. 圆锥角 α

圆锥角 α 是指在通过圆锥轴线的截面内，两条素线间的夹角。

5. 圆锥直径 D

圆锥直径是指与圆锥轴线垂直的截面内的直径。

6. 锥度 C

锥度是指 C 圆锥的最大直径与其最小直径之差对圆锥长度之比，用符号 C 表示。锥度常用比例或分数表示，如 $C=1:20$ 或者 $C=1/20$ 等。

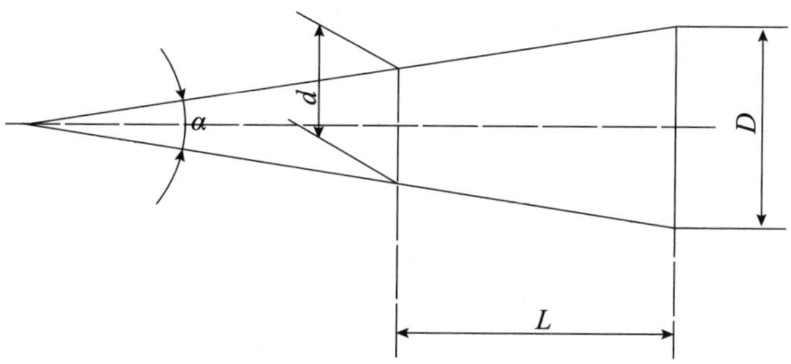

图 4–2 圆锥体的几何参数

三、锥度与锥角系列

《锥度与锥角系列》（GB 157—2001）国家标准中，将锥度与锥角系列分为两类，一类为一般用途的圆锥锥度与锥角，如表 4–1 所示；另一类为特殊用途的圆锥锥度与锥角，如表 4–2 所示。

表 4–1 一般用途圆锥的锥度与角度

基本值		推算值			应用举例
系列1	系列2	圆锥角α		锥度C	
120°		—	—	1：0.288675	节气阀、汽车、拖拉机阀门
90°		—	—	1：0.500000	重型顶尖、重型中心孔、阀的阀销锥体

笔记

续表

基本值		推算值			应用举例
系列1	系列2	圆锥角α		锥度C	
	75°	—	—	1 : 0.651613	埋头螺钉、小于10mm的丝锥
60°		—	—	1 : 0.866025	顶尖、中心孔、弹簧夹头、埋头钻
45°		—	—	1 : 1.207107	埋头与半埋头铆钉
30°		—	—	1 : 1.866025	摩擦轴节、弹簧夹头、平衡块
1 : 3		18°55′28.7″	18.924644°	—	受力方向垂直于轴线易拆开的连接
	1 : 4	14°15′0.1″	14.250033°	—	
1 : 5		11°25′16.3″	11.421186°	—	受力方向垂直于轴线的连接、锥形摩擦离合器、磨床主轴
	1 : 6	9°31′38.2″	9.527283°	—	
	1 : 7	8°10′16.4″	8.171234°	—	
	1 : 8	7°9′9.6″	7.152669°	—	重型机床主轴
1 : 10		5°43′29.3″	5.724810°	—	受轴向力和扭转力的连接处，主轴承受轴向力调节套筒
	1 : 12	4°46′18.8″	4.711888°	—	
	1 : 15	3°49′5.9″	3.818305°	—	主轴齿轮连接处，受轴向力的机件连接处，如机车十字头轴
1 : 20		2°51′51.1″	2.864192°	—	机床主轴刀具刀杆的尾部、锥形铰刀、心轴
1 : 30		1°54′34.9″	1.90682°	—	锥形铰刀套式铰刀、扩孔钻的刀杆、主轴颈部
	1 : 40	1°25′56.4″	1.432302°	—	
1 : 50		1°8′45.2″	1.145877°	—	锥销、手柄端部、锥形铰刀、量具尾部
1 : 100		0°34′22.6″	0.572953°	—	受静变负载不拆开的连接件，如心轴等
1 : 200		0°17′11.3″	0.286478°	—	导轨镶条，受振及冲击负载不拆开的连接件
1 : 500		0°6′52.5″	0.114592°	—	

表 4–2　特殊用途圆锥的锥度与角度

基本值	推算值			说明
	圆锥角α		锥度C	
7 : 24	16°35′39.4″	16.594290°	1 : 3.428571	机床主轴，工具配合
1 : 19.002	3°0′52.4″	3.014554°	—	莫氏锥度 No.5
1 : 19.180	2°59′11.7″	2.986590°	—	莫氏锥度 No.6
1 : 19.212	2°58′53.8″	2.981618°	—	莫氏锥度 No.0
1 : 19.254	2°58′30.4″	2.975117°	—	莫氏锥度 No.4
1 : 19.922	2°52′31.4″	2.875402°	—	莫氏锥度 No.3
1 : 20.020	2°51′40.8″	2.861332°	—	莫氏锥度 No.2
1 : 20.047	2°51′26.9″	2.857480°	—	莫氏锥度 No.1

为了便于圆锥件的设计、生产和控制，表 4–1 中给出了圆锥角或锥度的推算值，其有效位数可按需要确定。为保证产品的互换性，减少生产中所需的定值工、量具，在选用时应当优先选用第一系列。

四、圆锥公差项目

GB / T 1334—2005 将圆锥的公差分为圆锥直径公差、圆锥角公差、圆锥形状公差及给定截面圆锥直径公差。

1. 圆锥直径公差

圆锥直径公差 T_D 是指圆锥直径的允许变动量，即允许的最大圆锥直径 D_{max}（d_{max}）与最小极限圆锥直径 D_{min}（d_{min}）之差，如图 4–3 所示。在圆锥轴向截面内两个极限圆锥所限定的区域就是圆锥直径公差带。圆锥直径公差带 T_D，以基本圆锥直径（一般取最大圆锥直径 D）为基本尺寸选择公差，它适用于圆锥全长 L。

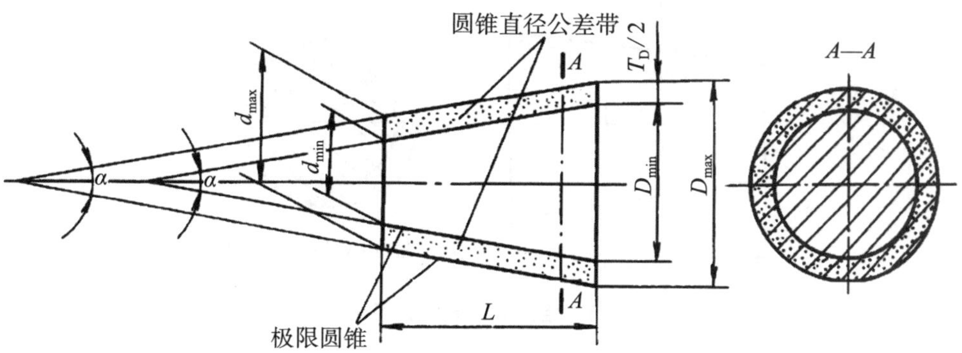

图 4–3　圆锥直径公差带

笔记

2. 圆锥角公差

圆锥角公差 AT 是指圆锥角允许的变动量，即最大圆锥角 α_{max} 与最小圆锥角 α_{min} 之差，如图 4–4 所示。由图可见，在圆锥轴向截面内，由最大和最小极限圆锥角所限定的区域称为圆锥角公差带。

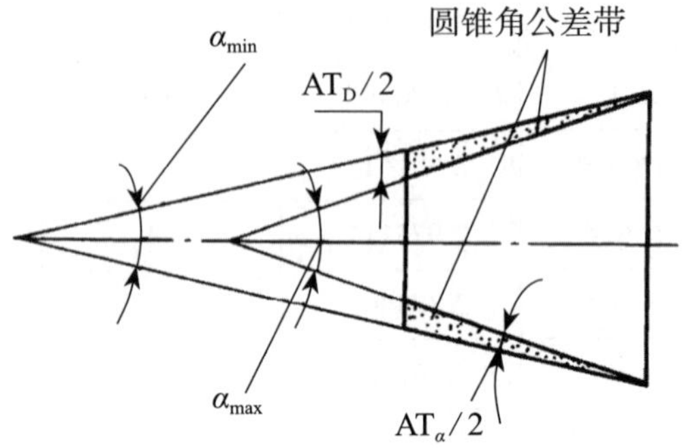

图 4–4　圆锥角公差带

AT 有两种表示：AT_α 和 AT_D。二者关系为

$$AT_D = AT_\alpha \cdot L \times 10^3$$

式中　AT_α 的单位为 μrad；AT_D 的单位为 μm；L 为圆锥长度（mm）。

国家标准规定，圆锥角公差 AT 分为 12 个公差等级，用符号 AT1，AT2，…，AT12 表示。其公差数值如表 4–3 所示。

3. 圆锥的形状公差

圆锥的形状公差包括圆锥素线直线度公差和圆度公差。对于要求不高的圆锥工件，其形状误差一般也用直径公差 T_D 控制；对于要求较高的圆锥工件，应单独按要求给定形状公差 T_F。

4. 给定截面圆锥直径公差

给定截面圆锥直径公差 T_{DS} 是指在垂直圆锥轴线的给定截面内，圆锥直径的允许变动量。其公差带为在给定的圆锥截面内，由两个同心圆所限定的区域，如图 4–5 所示。

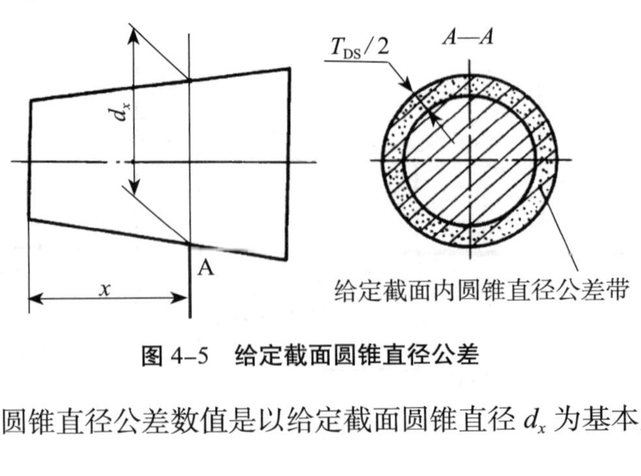

图 4–5　给定截面圆锥直径公差

给定截面圆锥直径公差数值是以给定截面圆锥直径 d_x 为基本尺寸。

表 4-3　圆锥角公差数值表

基本圆锥长度 L / mm		圆锥角公差等级																	
		AT4			AT5			AT6			AT7			AT8			AT9		
		$AT_α$		AT_D	$AT_α$		AT_D	$AT_α$		AT_D	$AT_α$		AT_D	$AT_α$		AT_D	$AT_α$		AT_D
大于	至	μrad	(′)(″)	μm	μrad	(′)(″)	μm	μrad	(′)(″)	μm	μrad	(′)(″)	μm	μrad	(′)(″)	μm	μrad	(′)(″)	μm
10	16	160	33″	>1.6 ~ 2.5	250	52″	>2.5 ~ 4.0	400	1′22″	>4.0 ~ 6.3	630	2′10″	>6.3 ~ 10.0	1000	3′26″	>10.0 ~ 16.0	1600	5′30″	>16 ~ 25
16	25	125	26″	>2.0 ~ 3.2	200	41″	>3.2 ~ 5.0	315	1′05″	>5.0 ~ 8.0	500	1′43″	>8.0 ~ 12.5	800	2′45″	>12.5 ~ 20.0	1250	4′18″	>20 ~ 32
25	40	100	21″	>2.5 ~ 4.0	160	33″	>4.0 ~ 6.3	250	52″	>6.3 ~ 10.0	400	1′22″	>10.0 ~ 16.0	630	2′10″	>16.0 ~ 20.5	1000	3′26″	>25 ~ 40
40	63	80	16″	>3.2 ~ 5.0	125	26″	>5.0 ~ 8.0	200	41″	>8.0 ~ 12.5	315	1′05″	>12.5 ~ 20.0	500	1′43″	>20.0 ~ 32.0	800	2′45″	>32 ~ 50
63	100	63	13″	>4.0 ~ 6.3	100	21″	>6.3 ~ 10.0	160	33″	>10.0 ~ 16.0	230	52″	>16.0 ~ 25.0	400	1′22″	>25.0 ~ 40.0	630	2′10″	>40 ~ 63
100	160	50	10″	>5.0 ~ 8.0	80	16″	>8.0 ~ 12.5	125	26″	>12.5 ~ 20.0	200	41″	>20.0 ~ 32.0	315	1′05″	>32.0 ~ 50.0	500	1′43″	>50 ~ 80
160	250	40	8″	>6.3 ~ 10.0	63	13″	>10.0 ~ 16.0	100	21″	>16.0 ~ 25.0	160	33″	>25.0 ~ 40.0	250	52″	>40.0 ~ 63.0	400	1′22″	>63 ~ 100
250	400	31.5	6″	>8.0 ~ 12.5	50	10″	>12.5 ~ 20.0	80	16″	>20.0 ~ 32.0	125	26″	>32.0 ~ 50.0	200	41″	>50.0 ~ 80.0	315	1′05″	>80 ~ 125

笔记

T_{DS} 公差带所限定的是平面区域，而 T_D 公差带所限定的是空间区域，两者是不同的。

五、圆锥公差的给定方法

对于具体的圆锥工件，并不是都需要给定上述四项公差，而是根据工件使用要求来提出公差项目。

GB 11334—2005 中规定了两种圆锥公差给定方法。

（1）给出圆锥的理论真值圆锥角 α（或锥度 C）和圆锥直径公差 T_D。这时，圆锥角误差和圆锥形状误差均应在极限圆锥所限定的区域内。当圆锥角公差和圆锥形状公差有较高要求时，可再给出圆锥角公差 AT 和圆锥形状公差 T_F。此时 AT 和 T_F 仅占 T_D 的一部分。按这种方法给定圆锥公差时，在圆锥直径公差后边加注符号○。

（2）给出给定截面圆锥直径公差 T_{DS} 和圆锥角公差 AT。此时，给定截面圆锥直径和圆锥角应分别满足这两项公差的要求。当对圆锥形状公差有更高要求时，可再给出圆锥形状公差 T_F。

六、圆锥配合

圆锥公差与配合制是由基准制、圆锥公差和圆锥配合组成。圆锥配合的基准制分为基孔制和基轴制，标准推荐优先选用基孔制。圆锥公差按国家标准规定，圆锥配合分为间隙配合、过度配合和过盈配合，相互配合的两圆锥基本尺寸应相同。

（1）间隙配合。这类配合具有间隙，间隙大小可以调整，零件易拆开，相互配合的内、外圆锥能相对运动。例如，机床顶尖、车床主轴的圆锥轴径与滑动轴承的配合。

（2）过度配合。这类配合很紧密，可以防止漏水、漏气。例如，内燃机中阀门与阀门座的配合。然而，为了使配合的圆锥面具有良好的密封性，内、外圆锥要成对研磨，因而这类圆锥不具有互换性。

（3）过盈配合。这类配合具有自锁性，过盈量大小可调，具有较高的同轴度，若锥角适当，配合后能自锁且装卸也较方便，可以利用摩擦力来传递扭矩。例如，铣床主轴锥孔与铣刀锥柄的配合。

七、圆锥配合的使用要求

内、外圆锥的配合表面在配合长度上应接触均匀。这就要求内、外圆锥配合时锥角大小必须尽可能地一致。如果锥角相差过大，则将影响配合的紧密性，减少接触面积，且各个截面的间隙或过盈的数值不均匀。

基面距应在规定的范围内变化。这就要求内、外圆锥配合除了锥角一致外，还要求内、外圆锥在任意横截面上的直径必须具有一定的配合精度，才能保证预定的配合性质。

八、角度公差的选用

在常见的机械结构中，常用到含有角度的构件，常见的结构有 V 形架、燕尾槽、楔块等。这类构件的主要几何参数是角度。角度的精度高低决定着其工作精度。因此，角度这一几何参数也提出公差要求。

角度公差分为两种：一种是角度注出公差，另一种是未注角度的极限偏差。

1. 角度注出公差

角度注出公差值可以从圆锥角公差表中查取。查表时，以形成角度的两个边的短边长度值作为表中的主参数 L 值。

2. 未注公差角度的极限偏差

国家标准对金属加工的未注公差角度规定了极限偏差，《未注公差角度的极限偏差》（GB 11335—89）将未注公差角度的极限偏差分为三个等级，即中等级（m）、粗糙级（c）、最粗级（v）。每个等级列有不同的极限偏差值，如表 4–4 所示。

本标准适用于金属切削加工件的角度。查表时，以角度的短边长度查取，对于圆锥角按圆锥素线长度确定。未注公差角度的公差等级在图样上或技术文件上用标准号和公差等级表示，如选用中等级时，表示为 GB/T 1804—m。

表 4–4　未注公差角度尺寸的极限偏差

公差等级	长度 /mm				
	≤ 10	>10~50	>50~120	>120~140	>400
f（精密级）	—	—	—	—	—
m（中等级）	±1°	±30′	±20′	±10′	±5′
c（粗糙级）	±1°30′	±1°	±30′	±15′	±10′
v（最粗级）	±3°	±2°	±1°	±30′	±20′

步骤二　测量工具的选用

做一做

根据任务要求，掌握万能角度尺的正确使用和读数方法。

万能角度尺的含义及使用方法。

笔记

万能角度尺是利用游标读数原理直接测量精密零件内外角度或进行角度画线的角度量具，这种方法测量精度不高，只适用于单件、小批生产。

万能角度尺由尺身、90° 角尺、游标、基尺、制动器、扇形板、卡块、直尺等组成（图 4–6）。

万能角度尺的读数机构，是由刻有基本角度刻线的尺身和固定在扇形板上的游标组成。扇形板可在尺身上回转移动，形成了和游标卡尺相似的游标读数机构。

万能角度尺是按照游标原理读数，其测量范围是 0 ~ 320° ，结构如图 4–7 所示。万能角度尺尺座上的刻度线每格 1°。由于游标上刻有 30 格，所占的总角度为 29°，因此，两者每格刻线的度数差是$1^\circ-\frac{29^\circ}{30}=\frac{1^\circ}{30}$，即该万能角度尺的精度为 2′ 。

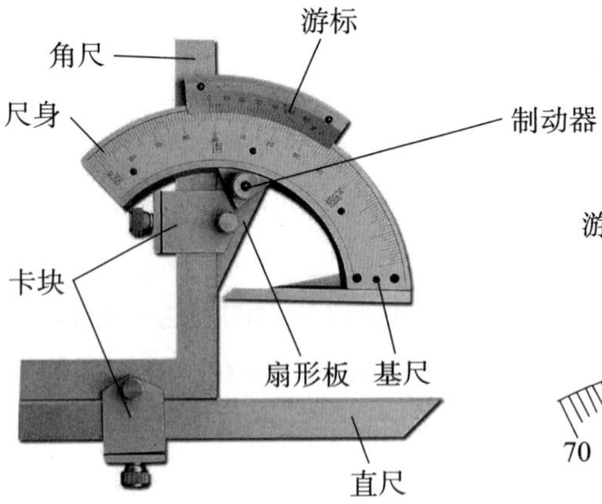

图 4–6　万能角度尺

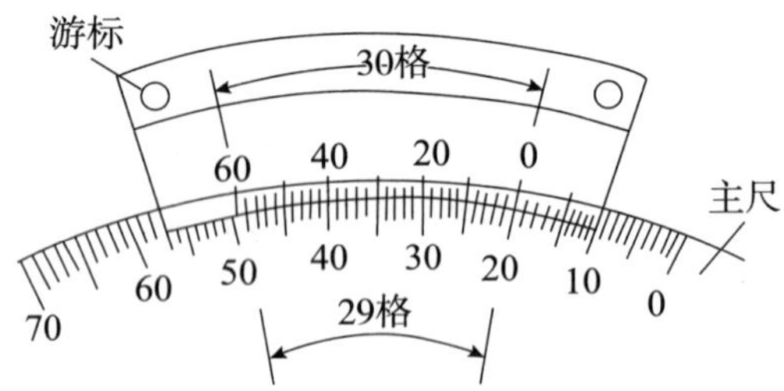

图 4–7　万能角度尺读数原理

万能角度尺的读数方法和游标卡尺相同，先读出游标零线前的角度是几度，再从游标上读出角度“分”的数值，两者相加就是被测零件的角度数值。

相关知识

角度和锥度的测量方法与测量器具有很多，下面介绍几种常用的测量方法及相应的测量器具。

一、角度量块

角度量块是将被测角度或锥度与相应的量具相比较，用光隙法或涂色法估计被测角度或锥度的偏差，常用的量具有：角度量块、角度或锥度样板、直角尺、圆锥量规等。

在角度测量中，角度量块是基准量具，用来检定各种角度量具或检验精密零件的角度。成套的角度量块由 36 块或 94 块组成，每套有三角形和四边

笔记

形两种不同形状的角度量块，它们分别有一个或四个工作角，如图 4-8 所示。角度量块具有研合性，但为保证量块间紧密贴合，组合时靠专用附件夹注，测量范围为 10° ~350°，与被测对象比较时，用光隙法估定角度偏差。

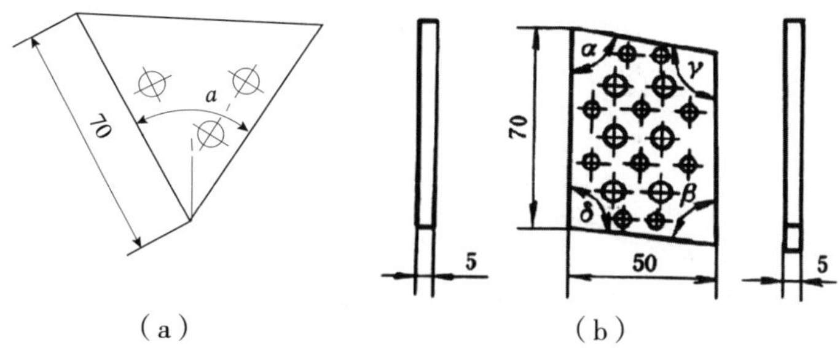

图 4-8　角度量块

二、圆锥量规

圆锥量规是机械加工过程中测量以及长度计量中常用的量具。它是以内、外圆锥相配合的实体，用于检验相应圆锥配合工件的锥角和圆锥直径的量具。

圆锥量规用于检验成批生产的内、外圆锥的锥度和基面距偏差，分为圆锥塞规和套规，有莫氏和公制两种，结构如图 4-9 所示。由于圆锥结合时一般的锥角公差比直径公差要求高，所以用量块检验时，首先检验锥度。在量规上沿母线方向薄薄涂上两三条显示剂（红丹或兰油），然后轻轻地和工件对研转动，根据着色接触情况判断锥角偏差。对于圆锥塞规，若均匀地被擦去，说明圆锥角合格，其次，用圆锥量规检验锥面距偏差，当基面处于圆锥量规相距 Z 的两条刻线之间时即为合格。

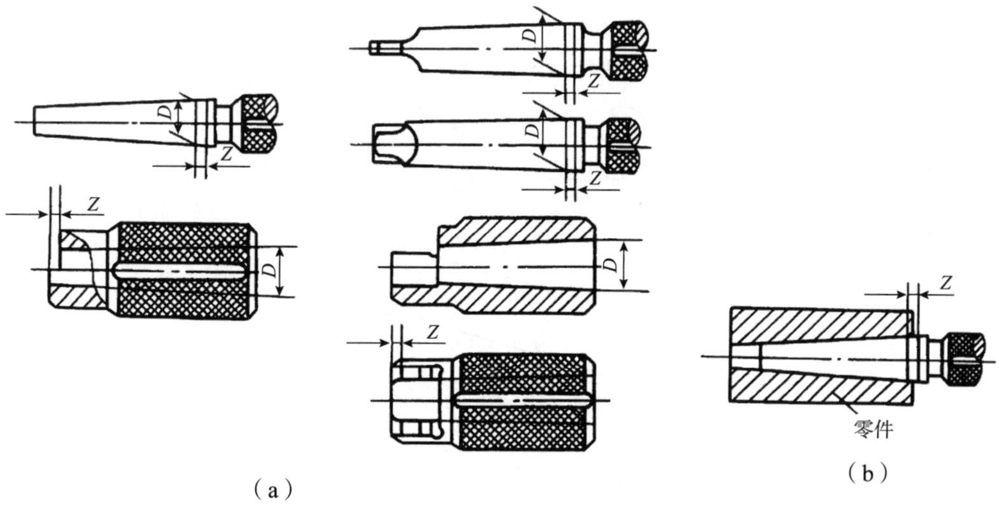

图 4-9　圆锥量规

笔记

三、正弦规

正弦规是用于准确检验零件及量规角度和锥度的量具。它是利用三角函数的正弦关系来度量的，故称为正弦规或正弦尺、正弦台。由图 4–10 可见，正弦规主要由带有精密工作平面的主体和两个精密圆柱组成，四周可以装有挡板（使用时只装互相垂直的两块），测量时作为放置零件的定位板。

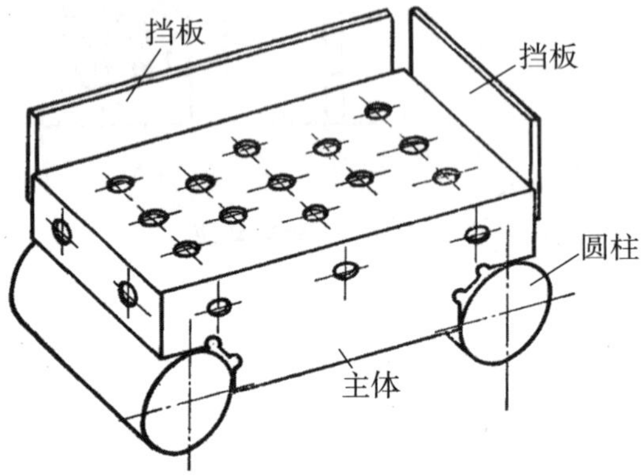

图 4–10　正弦规

正弦规是锥度测量常用的器具，分为宽型和窄型，两圆柱中心距离为 100mm 和 200mm 两种。其适用于测量圆锥角小于 30° 的锥度。

测量前，首先按公式 $h = L\sin\alpha$ 计算量块组的高度 h（α 为公称圆锥角，L 为正旋规两圆柱的中心距离）。然后按图 4–11 所示进行测量。如果被测角度有偏差，则 a、b 两点的示值必有 Δh（注意符号），则锥度 $\Delta C = \Delta h/L$，换算锥角偏差 $\Delta\alpha = 2\times10^5\Delta C$（$1\text{rad} \approx 2\times 10^5{}''$）。

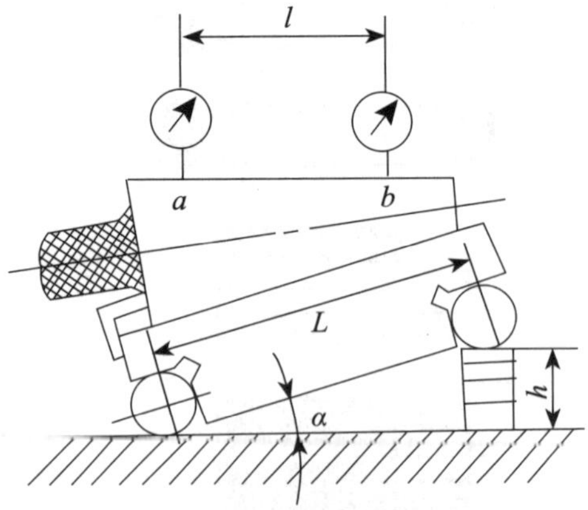

图 4–11　正弦规测量锥角

笔记

步骤三　用万能角度尺测量角度

做一做

一、测量方法与过程

（1）将万能角度尺擦拭干净并校零。

万能角度尺的零位，是当角尺与直尺均装上，而角尺的底边及基尺与直尺无间隙接触，此时主尺与游标的零线对准。调整好零位后，通过改变基尺、角尺、直尺的相互位置可测试 0～320° 范围内的任意角。

（2）将基尺靠近 1∶7 的小端，直尺刀口紧贴圆锥面（图 4–12）。

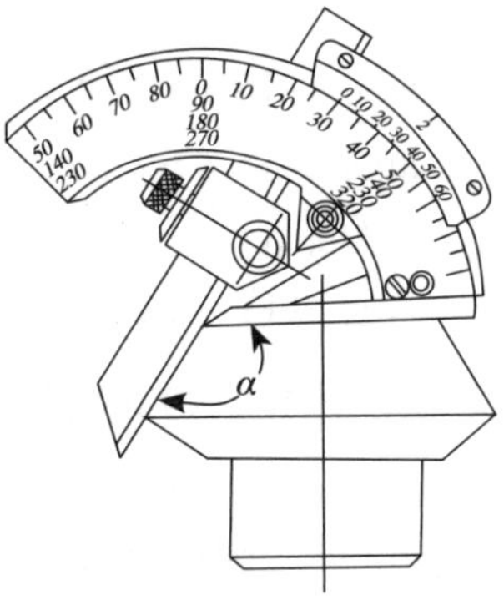

图 4–12　万能角度尺测量锥度

用万能角度尺测量零件角度时，应使基尺与零件角度的母线方向一致，且零件应与量角尺的两个测量面的全长上接触良好，以免产生测量误差。

（3）移开万能角度尺，读取测量角度并记录（表 4–5）。

读数时，先读出游标零线前的角度是几度，再从游标上读出角度“分”的数值，两者相加就是被测零件的角度数值。

（4）旋转工件，选择其他位置进行测量，读取测量角度并记录（表 4–5）。

（5）测量结束后，将万能角度尺擦拭干净，放入工具盒内。

二、处理测量结果，判断零件是否合格

（1）处理数据。将测得的角度换算成圆锥角 α，计算圆锥角误差（表 4–5）。

（2）判断零件是否合格。

表 4–5　顶尖 1∶7 锥度部分测量结果

测量次数	1	2	3	4	5	6	7	8
测量角度	94° 8′	94° 9′	94° 9′	94° 9′	94° 8′	94° 8′	94° 9′	94° 8′
换算 $\alpha/2$	4° 8′	4° 9′	4° 9′	4° 9′	4° 8′	4° 8′	4° 9′	4° 8′
圆锥角 α	8° 16′	8° 18′	8° 18′	8° 18′	8° 16′	8° 16′	8° 18′	8° 16′
圆锥角误差	–16.4″	+41.6″	+41.6″	+41.6″	–16.4″	–16.4″	+41.6″	–16.4″

笔记

相关知识

测量时应先校准零位，万能角度尺的零位，是当角尺与直尺均装上，而角尺的底边及基尺与直尺无间隙接触，此时主尺与游标的零线对准。

调整好零位后，通过改变基尺、角尺、直尺的相互位置可测量 0～320° 范围内的任意角。

如图 4–13（a）所示，角尺和直尺全装上时，可测量 0～50° 的外角度。

如图 4–13（b）所示，仅装上直尺时，可测量 50° ～140° 的角度。

如图 4–13（c）所示，仅装上角尺时，可测量 140° ～230° 的角度。

如图 4–13（d）所示，把角尺和直尺全拆下时，可测量 230° ～320° 的角度（即可测量 40° ～130° 的内角度）。

万能量角尺的尺座上，基本角度的刻线只有 0～90°，如果测量的零件角度大于 90°，则在读数时，应加上一个基数（90°、180°、270°）。

当零件角度为：>90° ～180°，被测角度 =90°+ 量角尺读数；

当零件角度为：>180° ～270°，被测角度 =180°+ 量角尺读数；

当零件角度为：>270° ～320°，被测角度 =270°+ 量角尺读数。

用万能角度尺测量零件角度时，应使基尺与零件角度的母线方向一致，且零件应与量角尺的两个测量面的全长上接触良好，以免产生测量误差。

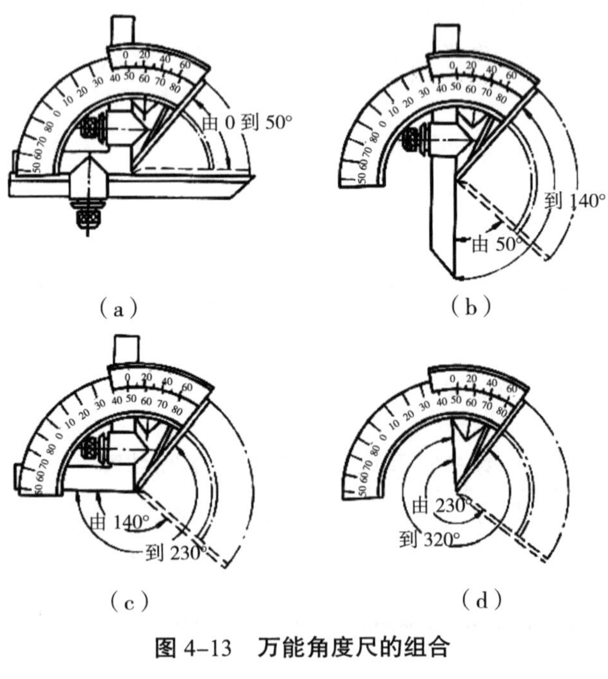

图 4–13　万能角度尺的组合

笔记

巩固与拓展

一、知识巩固

对照本任务知识体系图，梳理自己所掌握的知识点，并与同学相互交流、研讨圆锥度和角度测量知识点的理解。

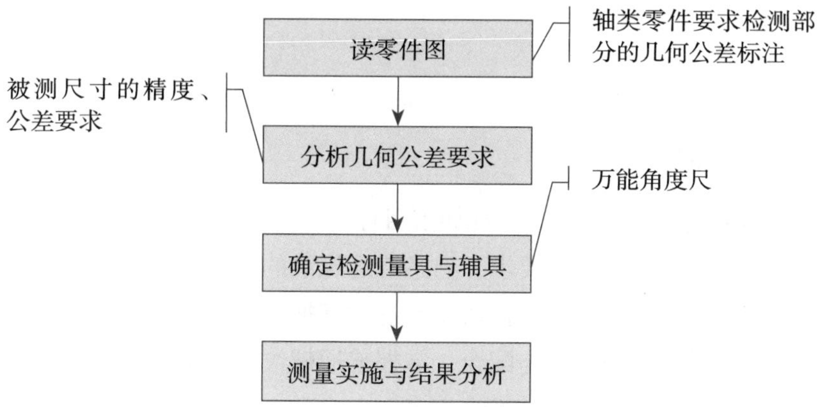

图 4–14　本任务知识体系

二、拓展任务

已知内圆锥的最大直径 D_i = 23.825mm，最小直径 d_i = 20.2mm，锥度 C = 1∶19.992，基本圆锥长度 L = 120mm，其直径公差为 H8，查表确定内圆锥直径公差 T_D 所限制的最大圆锥角误差 $\Delta_{\alpha max}$。

笔记

任务五
普通螺纹的选用和检测

任务目标

通过学习本任务，学生应达到如下目标：

□ 了解螺纹分类及使用要求，熟悉普通螺纹的主要几何参数；

□ 了解普通螺纹的几何参数误差对螺纹互换性的影响；

□ 熟悉普通螺纹的公差与配合，掌握普通螺纹公差选择及使用方法；

□ 掌握理解螺纹标记的技术含义；

□ 掌握普通螺纹的检测方法。

任务描述

● 任务内容

选用合适的测量工具，测量如图 5-1 所示 M48 × 2 的螺纹进行测量，掌握螺纹千分尺等相关测量工具的使用方法，合理分析测量误差，并科学处理测量结果。

注意：被测对象可根据学校实际情况另行选择合适的零件。

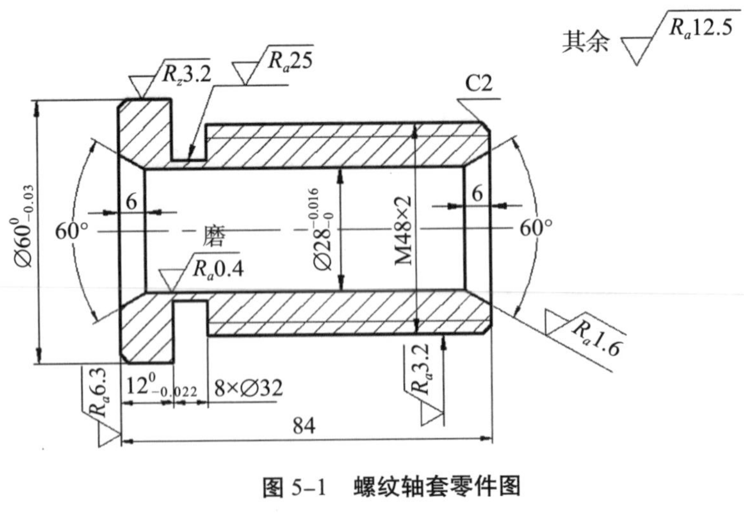

图 5-1 螺纹轴套零件图

笔记

● 实施条件

□ 生产车间或实训基地，供学生了解各螺纹连接的作用与应用，进行相应的检测。

□ 螺纹千分尺等螺纹检测工具。

程序与方法

步骤一　测量要求分析

做一做

阅读图 5–1 的零件图，查阅相关资料，确定任务中 M48×2 的螺纹的几何参数。

螺纹测量要求分析如下。

（1）螺纹标注方法。

① 螺纹标注时，粗牙螺纹不标注螺距数值；

② 中等旋合长度组代号（N）不标注；

③ 右旋螺纹不标注旋向代号；

④ 中等精度的螺纹，公称直径 D（或 d）≥ 1.6mm 的 6H、6g 公差带和公称直径 D（或 d）≤ 1.4mm 的 5H、5h 公差带的代号不标注。

（2）螺纹分析。

通过图 5–1 可判断 M48×2 的螺纹为公称直径为 48mm、螺距为 2mm 的普通细牙外螺纹，其中径公差带为 6g，中等旋合长度，旋向为右旋。

螺纹牙侧表面粗糙度 $R_a \leqslant 3.2\mu m$。

查表可得其主要几何参数如下。

螺纹大径：48mm，螺纹中径：46.701mm，螺纹小径：45.835mm

中径公差：T_{d2}=180μm，中径基本偏差：es = –38μm

$$d_{2max}=d_2+es=46.701+(-0.038)=46.663mm$$

$$d_{2min}=d_{2max}-T_{d2}=46.663-0.18=46.483mm$$

相关知识

螺纹紧固是利用一对内、外螺纹的连接作用来连接或紧固一些零件，螺纹形成的运动副传递运动和动力。螺纹连接是一种典型的具有互换性的连接结构。

笔记

学点历史

螺纹是指在圆柱或圆锥母体表面上制出的螺旋线形的、具有特定截面的连续凸起部分。

螺纹是人类最早发明的简单机械之一，古代人们利用螺纹固定战袍的铠甲、提升物体、压榨油料和酒制品等。

18 世纪末，英国工程师亨利·莫斯利（Henry Maudslag）发明了螺纹丝杠车床。第一次工业革命后，英国人又发明了板牙和丝锥，为螺纹件的大批量生产奠定了技术基础。1841 年，英国人约瑟夫·惠特沃斯（Joseph Whitworth）提出了世界上第一份螺纹国家标准，从而奠定了螺纹标准的技术体系。1905 年，英国人泰勒（William Taylor）发明了螺纹量规设计原理（泰勒原理）。英国成为世界上第一个全面掌握螺纹加工和检测技术的国家，英制螺纹标准是世界上现行螺纹标准的基础，英制螺纹标准得到了世界范围的认可和推广。

世界上最有影响的紧固螺纹有三种：英国的惠氏螺纹、美国的赛氏螺纹、法国的米制螺纹。最有影响的管螺纹有两种：英国的惠氏管螺纹、美国的布氏管螺纹。这五种螺纹均于 19 世纪问世，它们奠定了螺纹标准化的技术体系，其他绝大多数螺纹均采用或借鉴了它们的标准结构。

一、螺纹的种类和使用要求

螺纹按结合性质和用途可分为三类，如表 5–1 所示。

表 5–1　螺纹的种类和使用要求

螺纹种类		用途	要求
连接螺纹（紧固螺纹）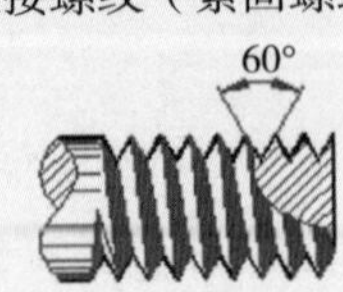	普通螺纹	连接和紧固机械零件，普通螺纹应用普遍	可旋合性和连接强度
	过渡配合螺纹		
	过盈配合螺纹		

笔记

续表

螺纹种类		用途	要求
传递螺纹 30° 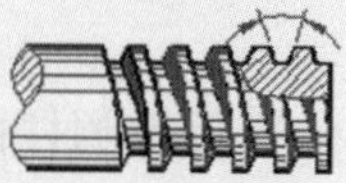 30° 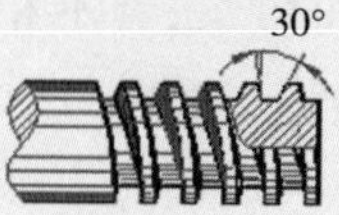	传递位移螺纹	传递精准位移和动力，牙型为梯形、三角形、锯齿形和矩形等	传递位移的准确性和传递动力的可靠性。有一定的保证间隙，以便于传动和存储润滑油
	传递动力螺纹		
密封螺纹 55° 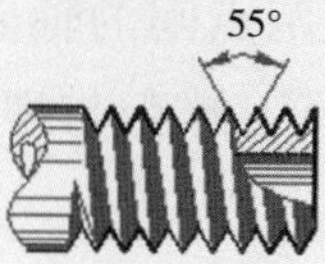	—	用于管道系统中有气密性和水密性要求的管件连接	良好的旋合性、连接强度及密封性

二、螺纹的基本牙型和主要几何参数

普通螺纹的基本牙型如图 5-2 所示，它的主要几何参数如下。

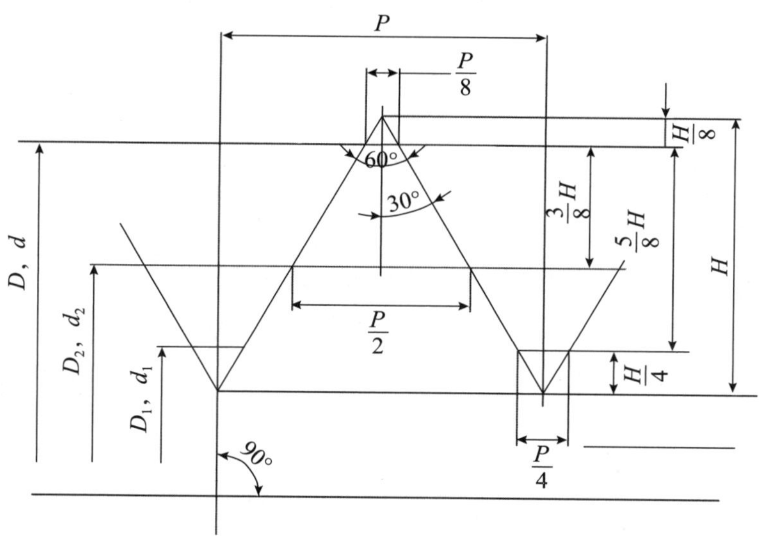

图 5-2　普通螺纹基本牙型

1. *原始三角形高度 H*

原始三角形高度指原始等边三角形顶点到底边的垂直距离。

2. *大径 D 或 d*

大径是与内螺纹牙底或外螺纹牙顶相重合的假想圆柱体直径。国家标准规定米制普通螺纹大径的基本尺寸为螺纹公称直径。

笔记

3．小径 D_1 或 d_1

小径是与内螺纹牙顶或外螺纹牙底相重合的假想圆柱体直径。

4．中径 D_2 或 d_2

中径为一假想圆柱体直径，其母线在 H 处，在此母线上牙体与牙槽宽度相等。

5．单一中径 d_{2a}（D_{2a}）

单一中径指螺纹的牙槽宽度等于基本螺距一半处所在的假想圆柱的直径。当无螺距偏差时，单一中径与中径一致，当螺距有误差时，二者不相等。单一中径用三针法测量，通常近似看作螺纹实际中径尺寸（d_{2a} 或 D_{2a}）。

6．螺距 P、导程 L

螺距是指相邻两牙在中径母线上对应两点间的轴向距离称为螺距，用 P 表示。

导程是指同一螺旋线上相邻的两牙在中径线上对应两点间的轴向距离。对于单线螺纹，导程等于螺距；对于多线螺纹，导程等于螺距与螺纹线数（n）的乘积，即 $L=nP$。

螺距应按国家标准规定的系列选用，如表 5–2 所示。普通螺纹的螺距分为粗牙和细牙两种。

7. 牙型半角 $\dfrac{\alpha}{2}$

牙型半角是指在螺纹牙型上牙侧与螺纹轴线的垂直线间的夹角。普通螺纹的牙型半角为 30°。

表 5–2　普通螺纹的基本尺寸　（mm）

公称直径（大径）D，d			螺距 P	中径 D_2，d_2	小径 D_1，d_1	公称直径（大径）D，d			螺距 P	中径 D_2，d_2	小径 D_1，d_1
第一系列	第二系列	第三系列				第一系列	第二系列	第三系列			
10			1.5 1.25 1 0.75 （0.5）	9.026 9.188 9.350 9.513 9.675	8.376 8.647 8.917 9.188 9.459		18		2.5 2 1.5 1 （0.75） （0.5）	16.376 16.701 17.026 17.350 17.513 17.675	15.294 15.835 16.376 16.917 17.188 17.459
		11	（1.5） 1 0.75 （0.5）	10.026 10.350 10.513 10.675	9.376 9.917 10.188 10.459	20			2.5 2 1.5 1 （0.75） （0.5）	18.376 18.701 19.026 19.350 19.513 19.675	17.294 17.835 18.376 18.917 19.188 19.459

笔记

续表

公称直径（大径）D，d 第一系列	第二系列	第三系列	螺距 P	中径 D_2，d_2	小径 D_1，d_1
12			1.75	10.863	10.106
			1.5	11.026	10.376
			1.25	11.188	10.647
			1	11.350	10.917
			(0.75)	11.513	11.188
			(0.5)	11.675	11.459
	14		2	12.701	11.835
			1.5	13.026	12.376
			1.25	13.188	12.647
			1	13.350	12.917
			(0.75)	13.513	13.188
			(0.5)	13.675	13.459
		15	1.5	14.026	13.376
			(1)	14.350	1.917
16			2	14.701	13.835
			1.5	15.026	14.376
			1	15.350	14.917
			(0.75)	15.513	15.188
			(0.5)	15.675	15.459

公称直径（大径）D，d 第一系列	第二系列	第三系列	螺距 P	中径 D_2，d_2	小径 D_1，d_1
	22		2.5	20.376	19.294
			2	20.701	19.835
			1.5	21.026	20.376
			1	21.350	20.917
			(0.75)	21.513	21.188
			(0.5)	21.675	21.459
24			3	22.051	20.752
			2	22.701	21.835
			1.5	23.026	22.376
			1	23.350	22.917
			(0.75)	23.513	23.188
		25	2	23.701	22.835
			1.5	24.026	23.376
			(1)	24.350	23.917
30			3.5	27.727	26.211
			(3)	28.051	26.752
			2	28.701	27.835
			1.5	29.026	28.376
			1	29.350	28.917
			(0.75)	29.513	29.188

注：① 直径优先选用第一系列，其次是第二系列，第三系列尽量不用。
② 带括号的螺距尽量不用，用黑体字表示的螺距为粗牙螺距。

8．螺纹旋合长度 L

螺纹旋合长度指两相配合螺纹沿螺纹轴线方向相互旋合部分的长度。

三、螺纹的公差与配合

国家标准 GB/T 197—2003 将螺纹公差带的两个基本要素，即公差带大小（公差等级）和相对于基本牙型的位置（基本偏差）进行标准化，组成各种螺纹公差带。

1．普通螺纹的公差带

螺纹公差带的公差等级大小由公差值确定。并按公差值的大小分为若干等级，如表 5-3 所示。

网站

查阅：国家标准 GB/T197—2003

笔记

表 5–3　普通螺纹公差等级

螺纹直径	公差等级	螺纹直径	公差等级
外螺纹中径 d_2	3，4，5，6，7，8，9	内螺纹中径 D_2	4，5，6，7，8
外螺纹大径 d	4，6，8	内螺纹大径 D	4，5，6，7，8

其中，3 级精度最高，6 级为基本级，9 级精度最低。各级公差值如表 5–4 和表 5–5 所示。因为内螺纹加工较困难，所以在同一公差等级中，内螺纹中径公差比外螺纹中径公差大 32% 左右。

表 5–4　普通螺纹的中径公差　（μm）

公差直径 D,d / mm		螺距 P / mm	内螺纹中径公差 T_{D2}					外螺纹中径公差 T_{d2}						
>	≤		公差等级					公差等级						
			4	5	6	7	8	3	4	5	6	7	8	9
5.6	11.2	0.75	85	106	132	170	—	50	63	80	100	125	—	—
		1	95	118	150	190	236	56	71	95	112	140	180	224
		1.25	100	125	160	200	250	60	75	95	118	150	190	236
		1.5	112	140	180	224	280	67	85	106	132	170	212	295
11.2	22.4	1	100	125	160	200	250	60	75	95	118	150	190	236
		1.25	112	140	180	224	280	67	85	106	132	170	212	265
		1.5	118	150	190	236	300	71	90	112	140	180	224	280
		1.75	125	160	200	250	315	75	95	118	150	190	236	300
		2	132	170	212	265	335	80	100	125	160	200	250	315
		2.5	140	180	224	280	355	85	106	132	170	212	265	335
22.4	45	1	106	132	170	212	—	63	80	100	125	160	200	250
		1.5	125	160	200	250	315	75	95	118	150	190	236	300
		2	140	180	224	280	355	85	106	132	170	212	265	335
		3	170	212	265	335	425	100	125	160	200	250	315	400
		3.5	180	224	280	355	450	106	132	170	212	265	335	425
		4	190	236	300	375	415	112	140	180	224	280	355	450
		4.5	200	250	315	400	500	118	150	190	236	300	375	475

表 5–5　普通螺纹的基本偏差和顶径公差　　（μm）

螺距 P /mm	内螺纹的基本偏差 EI		外螺纹的基本偏差 es				内螺纹小径公差 T_{D1} 公差等级					外螺纹大径公差 T_d 公差等级		
	G	H	e	f	g	h	4	5	6	7	8	4	6	8
1	+26		−60	−40	−26		150	190	236	300	375	112	180	280
1.25	+28		−63	−42	−28		170	212	265	335	425	132	212	335
1.5	+32		−67	−45	−32		190	236	300	375	475	150	236	375
1.75	+34		−71	−48	−34		212	265	335	425	530	170	265	425
2	+38	0	−71	−52	−38	0	236	300	375	475	600	180	280	450
2.5	+42		−80	−58	−42		280	355	450	560	710	212	335	530
3	+48		−85	−63	−48		315	400	500	630	800	236	375	600
3.5	+53		−90	−70	−53		355	450	560	710	900	265	425	670
4	+60		−95	−75	−60		375	475	600	750	950	300	475	750

国家标准对内螺纹大径和外螺纹小径均不规定具体公差值，而只规定内、外螺纹牙底实际轮廓的任何点均不得超过按基本偏差所确定的最大实体牙型，以保证旋合时不发生干涉。

2. 公差带的形状和位置

国家标准对内螺纹规定了两种基本偏差，代号为 G、H；对外螺纹规定了四种基本偏差，代号为 e、f、g、h，如图 5–3 所示。基本偏差值如表 5–5 所示。

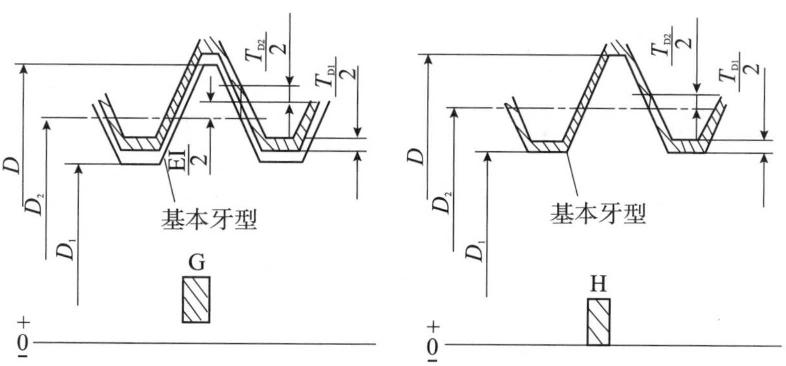

（a）内螺纹公差带位置 G　　（b）内螺纹公差带位置 H

图 5–3　内、外螺纹的基本偏差

笔记

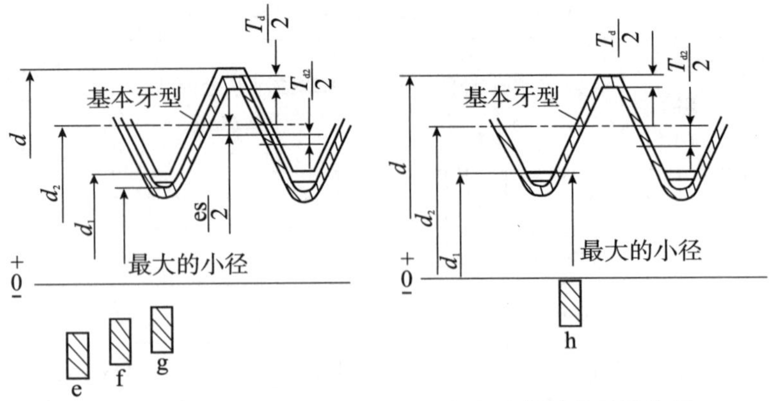

（c）内螺纹公差带位置 e、f、g　　（d）内螺纹公差带位置 h

图 5-3　内、外螺纹的基本偏差（续）

四、螺纹的旋合长度

螺纹的配合精度不仅与公差等级有关，而且与旋合长度有关。

国家标准（GB / T 197—2003）按螺纹的公称直径和螺距将其对应的旋合长度分为短旋合长度（S）、中等旋合长度（N）和长旋合长度（L）三组。其数值如表 5-6 所示。一般优先选用中等旋合长度，只有当结构或强度上需要时，才选用短旋合长度 S 和长旋合长度 L。

网站

查阅：国家标准 GB/T197-2003

表 5-6　螺蚊的旋合长度　　（μm）

公称直径 D, d		螺距 P	旋合长度			
			S	N		L
>	≤		≤	>	≤	>
5.6	11.2	0.75	2.4	2.4	7.1	7.1
		1	2	2	9	9
		1.25	4	4	12	12
		1.5	5	5	15	15
11.2	22.4	0.75	2.7	2.7	8.1	8.1
		1	3.8	3.8	11	11
		1.25	4.5	4.5	13	13
		1.5	5.6	5.6	16	16
		1.75	6	6	18	18
		2	8	8	24	24
		2.5	10	10	30	30

五、螺纹在图样上的标记

螺纹完整的标记由螺纹代号、螺纹公差带代号和旋合长度代号三部分组成。

笔记

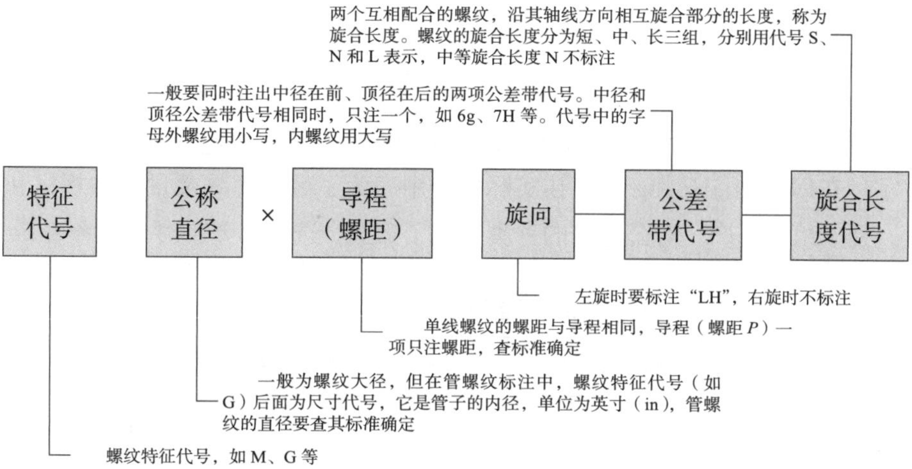

1. 螺纹代号

粗牙普通螺纹用 M 及公称直径表示。细牙普通螺纹用 M 及公称直径 × 螺距表示。左旋螺纹在螺纹代号后加“左”或加“LH”，不标注时为右旋螺纹。

2. 螺纹公差带代号

螺纹公差带代号包括中径和顶径代号，如果两者代号相同，可只标一个代号；如果两者代号不同，前者为中径代号，后者为顶径代号（顶径，外螺纹指大径，内螺纹指小径）。

3. 旋合长度代号

螺纹可标注旋合长度代号，也可直接标注旋合长度值。采用中等旋合长度时，N 可以不标注。

4. 常见螺纹标记示例

M20 × 2LH–6g7g–L

表示普通螺纹，公称直径 20mm，细牙螺距 2mm，左旋；外螺纹，中径公差带代号为 6g，顶径公差代号为 7g；长旋合长度。

M10–7H

表示普通螺纹，公称直径 10mm，右旋；内螺纹，中径和顶径公差带代号均为 7H；中等旋合长度。

M10 × 1–6H–30

表示普通螺纹，公称直径 10mm，细牙螺距 1mm，右旋；内螺纹，中径和顶径公差带代号均为 6H；旋合长度为 30mm。

注意：内、外螺纹的配合在图样上标注时，其公差带代号用斜线分开，左边表示内螺纹的公差带代号，右边表示外螺纹的公差带代号。例如，M20×2–6H / 6g 和 M20 × 2LH–6H / 5g6g。

笔记

六、螺纹公差带与配合的选用

1. 螺纹公差带的选用

螺纹的公差等级和基本偏差可以组成多种公差带。公差等级在前，基本偏差字母在后，如 5H、6g 等。在实际生产中，为了减少刀具及量具的规格和数量，便于组织生产，对公差带的种类进行了筛选，选用公差带时可参考表 5–7。

表 5–7　普通螺纹选用公差带

精度	公差带位置 G			公差带位置 H		
	S	N	L	S	N	L
精密	—	—	—	4H	5H	6H
中等	（5G）	*6G	（7G）	*5H	*6H	*7H
粗糙	—	（7G）	（8G）	—	7H	8H

精度	公差带位置 e			公差带位置 f			公差带位置 g			公差带位置 h		
	S	N	L	S	N	L	S	N	L	S	N	L
精密	—	—	—	—	—	—	—	（4g）	（5g4g）	（3h4h）	*4h	（5h4h）
中等	—	*6e	（7e6e）	—	*6f	—	（5g6g）	*6g	（7g6g）	（5h6h）	*6h	（7h6h）
粗糙	—	（8e）	（9e8e）	—	—	—	—	8g	（9g8g）	—	（8h）	—

注：① 大量生产的精制紧固件螺纹，推荐采用带方框的公差带。

②带“*”的公差带应优先选用，其次是不带“*”的公差带，括号内的公差带尽量不用。

2. 配合的选用

内、外螺纹的选用公差带可以任意组成各种配合。国家标准要求完工后的螺纹配合最好是 H / g、H / h 或 G / h。为了保证螺纹旋合后的同轴度及足够的接触高度，可选用 H / h 配合。为了装拆方便，一般选用 H / g 或 G / h 配合。对于需要涂镀保护层的螺纹，根据镀层的厚度选用配合。当镀层厚度为 10μm 时可采用 g；当镀层厚度为 20μm 时可采用 f；当镀层厚度为 30μm 时可采用 e；当内、外螺纹均涂镀时，可采用 G / e 或 G / f 的配合。

七、螺纹表面粗糙度的选择

螺纹牙型表面粗糙度主要根据中径公差等级来确定。表 5–8 列出了螺纹牙侧不同粗糙度 R_a 的推荐值。

笔记

表 5-8　螺纹牙侧表面粗糙度 R_a 值

工　件	螺纹中径公差等级		
	4 ~ 5	6 ~ 7	7 ~ 9
	R_a 不大于		
螺栓、螺钉、螺母	1.6	3.2	3.2 ~ 6.3
轴及套上的螺纹	0.8~1.6	1.6	3.2

步骤二　测量工具的选择

做一做

根据图 5-1 中 M48 × 2 螺纹的验收标准，选择合适的螺纹千分尺和相应的测量头，掌握量具的使用方法。

螺纹千分尺是应用螺旋副传动原理将回转运动变为直线运动的一种量具，主要用于测量外螺纹中径，螺纹千分尺按读数形式分为标尺式和数显式。

螺纹千分尺具有可更换 60° 锥形和 V 形测头，用于测量不同螺距的螺纹中径。

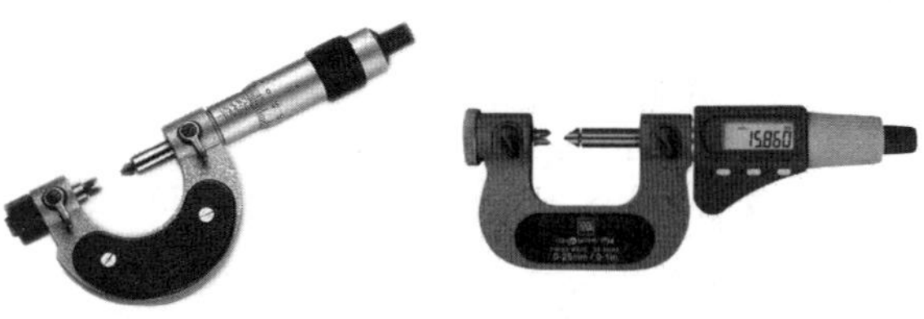

图 5-4　螺纹千分尺

图 5-5　螺纹千分尺测头

螺纹千分尺的测量范围与测量螺距的范围见表 5-9。

表 5-9　普通螺纹中径测量范围

测量范围 /mm	测头数量 / 副	测头测量螺距的范围 /mm
0~25	5	0.4 ~ 0.5；0.6 ~ 0.8；1 ~ 1.25；1.5 ~ 2；2.5 ~ 3.5
25 ~ 50	5	0.6 ~ 0.8；1 ~ 1.25；1.5 ~ 2；2.5 ~ 3.5；4 ~ 6
50 ~ 75 75 ~ 100	4	1 ~ 1.25；1.5 ~ 2；2.5 ~ 3.5；4 ~ 6
100 ~ 125 125 ~ 150	3	1.5 ~ 2；2.5 ~ 3.5；4 ~ 6

笔记

螺纹千分尺的压线或离线调整与外径千分尺调整方法相同。

螺纹千分尺测量时必须使用测力装置，即以恒定的测量压力进行测量。另外，在使用螺纹千分尺时应平放，使两测头的中心与被测工件螺纹中心线相垂直，以减少其测量误差。

相关知识

螺纹的测量方法可分为综合检验和单项测量两类。

综合检验指一次同时检验螺纹的几个参数，用几个参数的综合误差来判断螺纹的合格性。综合检验效率高，适合于生产中精度不高或只要求保证旋合性的螺纹件。生产中广泛应用螺纹极限量规综合检验螺纹的合格性。

单项测量用指示量仪分别测量螺纹的各项几何参数，主要是中径、螺距和牙型半角，以所得的实际值判断螺纹的合格性。单项测量有牙型量头法、量针法和影像法等。

一、螺纹极限量规综合检验螺纹

图 5-6 所示为用螺纹环规检验螺栓的情况。通端螺纹环规用来控制螺栓的作用中径及小径的最大极限尺寸。止端螺纹环规用来控制螺栓单一中径的最小极限尺寸。光滑极限卡规的通端和止端用来检验螺栓大径的极限尺寸。

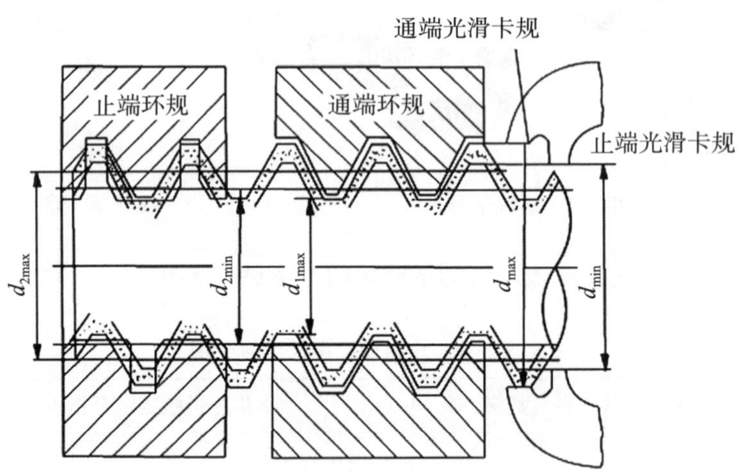

图 5-6　用螺纹环规检验螺栓

图 5-7 所示为用螺纹塞规检验螺母的情况。通端螺纹塞规用来控制螺母的作用中径及大径的最小极限尺寸。止端螺纹塞规用来控制螺母单一中径的最大极限尺寸。光滑极限塞规的通端与止端是用来检验螺母小径的极限尺寸。

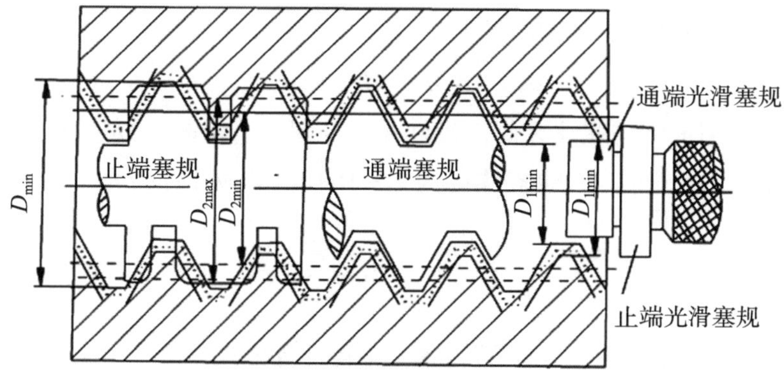

图 5–7　用螺纹塞规检验螺母

通端螺纹环规和塞规用来控制作用中径，应采用完整牙型，其长度应等于旋合长度。而螺纹环规和塞规的止端则采用短牙型，长度可较短，以减少螺距误差及牙型半角误差对测量结果的影响。

二、用三针量法测量螺纹中径

三针测量法精度高、方法简单，可以测量螺纹的中径和牙型半角；操作方法为把三根直径相同的量针放在外螺纹沟槽内，量出三针外表面的尺寸 M（图 5–8）。

根据已知的螺距 P、牙型角 α 及量针直径 d_0 和测出的 M 值可计算出中径测量值$d_{2单一}$

$$d_{2单一} = M - d_0\left(1+\frac{1}{\sin\frac{\alpha}{2}}\right)+\frac{P}{2}\cot\frac{\alpha}{2} \tag{5–8}$$

式中　螺距 P、牙型角 $\frac{\alpha}{2}$ 及量针直径 d_0 均按理论值代入。

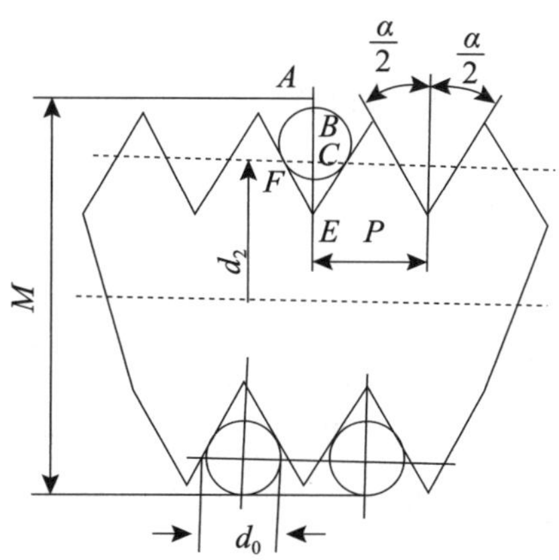

图 5–8　用三针法测量外螺纹单一中径

笔记

对于普通螺纹 $\frac{\alpha}{2}=30°$，则

$$d_{2单一}=M-3d_0+0.866P$$

为使所用量针与螺纹牙侧面最好在中径圆柱上接触，以消除牙型半角误差对测量结果的影响，使测得中径为单一中径，其最佳针径为

$$d_{0最佳}=\frac{P}{2\cos\frac{\alpha}{2}}$$

以最佳针径代入中径公式可得单一中径计算公式为

$$d_{2单一}=M-1.5d_{0最佳}$$

步骤三　用螺纹千分尺测量螺纹中径尺寸

做一做

一、准备工具

准备 25 ~ 50mm 的螺纹千分尺、1.5 ~ 2mm 测头等。

二、测量方法与过程

（1）擦干净零件被测表面和量具的测量面。

（2）测量前，必须校对量具的零位。

（3）将被测螺杆放入两测头之间，找正中径部位，使测头的中心线与螺杆轴线垂直。

（4）转动测力装置，使测力砧表面保持适当压力，同一截面互相垂直的方向上分别测量，以两者的平均值为这一截面的螺纹实际中径。

（5）在螺纹长度方向上（上、中、下）五个不同截面处测量，记录五次测量结果。

（6）用泰勒原则判断螺纹的合格性。

提示

用螺纹千分尺测量外螺纹中径时，读得的数值是螺纹中径的实际尺寸，它不包括螺距误差和牙型半角在中径上的当量值。但是螺纹千分尺的测量头是根据牙型角和螺距的标准尺寸制造的，当被测量的螺纹存在螺距和牙型半角误差时，测量头与被测的螺纹不能很好

笔记

地吻合，所以测出的螺纹中径的实际尺寸误差比较大，一般误差在0.05～0.20mm。因此，螺纹千分尺只能用于工序间测量或对粗糙级的螺纹工件进行测量。

步骤四 数据处理与分析

做一做

将测得的螺纹中径尺寸填入任务报告单中，用泰勒原则判断零件是否合格。

（1）参照步骤一“做一做”，分析螺纹。

（2）判断中径的合规性。

看测量数据是否满足 $d_{2作用} \leqslant d_{2max}$、$d_{2单一} \geqslant d_{2min}$ 的条件，用泰勒原则，判断螺纹中径的合规性。

相关知识

普通螺纹主要参数对互换性的影响

螺纹结合的互换性是指内螺纹（或外螺纹）可以不经任何选择或修配就能旋入任何一个相同规格的外螺纹（或内螺纹）全长上，并保证连接可靠。影响螺纹互换性的主要因素有螺距误差、牙型半角误差、中径误差等。

1. 螺距误差的影响

螺距误差包括局部误差和累积误差，后者与旋合长度有关，是主要影响因素。当内、外螺纹旋合时，由于螺距有误差，造成在旋合长度上产生螺距累积误差 ΔP_{Σ}，使两者旋合时发生干涉。现以图 5–9 所示说明螺距累积误差对互换性的影响。

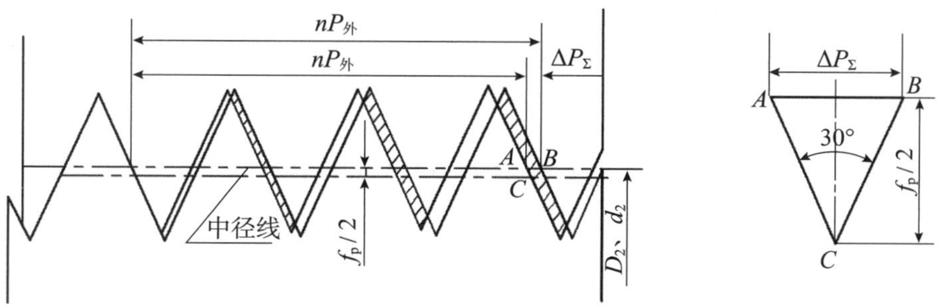

图 5–9 螺距累积误差对互换性的影响

笔记

为便于分析，假设内螺纹具有理想牙型、外螺纹的中径和牙侧角均无误差，仅外螺纹存在螺距累积误差，如图 5-9 所示，在几个螺牙长度上，螺距累积误差为 ΔP_{Σ}，这时在牙侧处将产生干涉而无法旋合。为了使有螺距累积误差的外螺纹旋入具有理想牙型的内螺纹，应把外螺纹的中径 d_2 减小一个数值 f_p。同理，当内螺纹有螺距累积误差时，为了保证可旋合性，应把内螺纹的中径增大一个数值 F_p。这个 f_p（F_p）值是补偿螺距误差的影响而折算到中径上的数值，被称为螺距误差的中径当量或补偿值。

由△ ABC 可知

$$f_p(F_p)=|\Delta P_{\Sigma}|\cot\frac{\alpha}{2}$$

当 $\alpha=60°$ 时可求出

$$f_p(F_p)=1.732|\Delta P_{\Sigma}|$$

2. 牙型半角误差的影响

牙型半角误差指牙型半角的实际值与公称值的代数差。如果牙型半角有误差，内、外螺纹在旋合时将发生干涉，为了让有半角误差的外螺纹能旋入内螺纹中，须将外螺纹的中经减小一个数值，减小的数值称为半角误差的中经当量 $f_{\frac{\alpha}{2}}$。现以图 5-10 所示说明牙型半角误差对螺纹互换性的影响。

$$f_{\frac{\alpha}{2}}=0.073P\left(k_1\left|\Delta\frac{\alpha}{2}_{(左)}\right|+k_2\left|\Delta\frac{\alpha}{2}_{(右)}\right|\right)$$

式中　$\Delta\frac{\alpha}{2}>0$ 时，k_1（或 k_2）=2；

$\Delta\frac{\alpha}{2}<0$ 时，k_1（或 k_2）=3。

P 为基本螺距（mm）

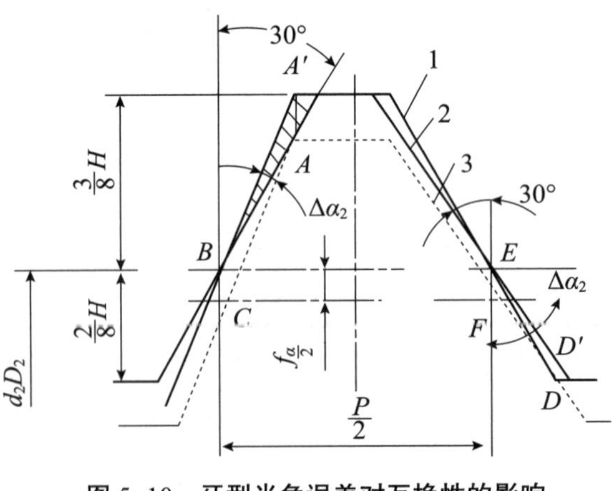

图 5-10　牙型半角误差对互换性的影响

笔记

3. 螺纹的作用中径及保证螺纹互换性的条件

作用中径是在螺纹配合中实际起作用的中径。当有螺距、牙型半角误差的外螺纹与具有基本牙型的内螺纹旋合时，总是使旋合变紧，其效果好像外螺纹的中径增大了。这个增大了的假想中径是与内螺纹旋合时起作用的中径，即外螺纹的作用中径，可用 $d_{2作用}$表示。它等于外螺纹单一中径与螺距累积误差、牙型半角误差在中径上的当量之和，即

$$d_{2作用}=d_{2单一}+（f_p+f_{\frac{\alpha}{2}}）$$

同理，当有螺距、牙型半角误差的内螺纹与具有基本牙型的外螺纹旋合时，旋合也变紧了，其效果好像内螺纹的中径减小了。这个减小了的假想中径是与外螺纹旋合时起作用的中径，即内螺纹的作用中径，可用 $D_{2作用}$表示。它等于内螺纹的单一中径与螺距累积误差、牙型半角误差在中径上的当量之差，即

$$D_{2作用}=D_{2单一}-(f_p+f_{\frac{\alpha}{2}})$$

为确保内螺纹和外螺纹能自由旋合，必须保证 $D_{2作用}\geqslant d_{2作用}$。

作用中径将中径公差、螺距误差和牙型半角误差联系在一起，是影响螺纹互换性的主要因素，必须加以控制。

保证螺纹互换性的条件，遵循泰勒原则。

对于外螺纹：

$$d_{2作用}\leqslant d_{2max}\quad d_{2单一}\geqslant d_{2min}$$

对于内螺纹：

$$D_{2作用}\geqslant D_{2min}\quad D_{2单一}\leqslant D_{2ma}$$

巩固与拓展

一、知识巩固

对照本任务知识体系图，梳理自己所掌握的知识点，并与同学相互交流、研讨普通螺纹的选用和检测相关知识点的理解。

笔记

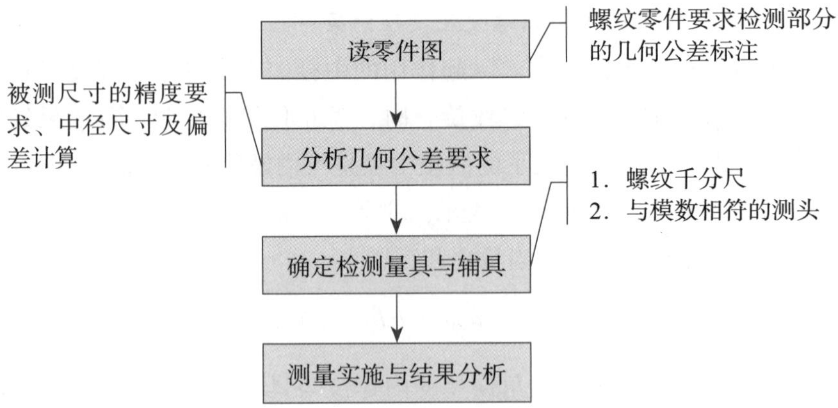

图 5-11　本任务知识体系

二、拓展任务

一螺纹配合，图样标记 M24×2–6H / 5g6g，确定其加工过程中的内、外螺纹中径、顶径的极限偏差、极限尺寸。

笔记

任务六
圆柱齿轮传动精度的检测

任务目标

通过学习本任务，学生应达到如下目标：

□ 理解并掌握齿轮传动使用要求及其影响因素；

□ 了解直齿圆柱齿轮精度的评定指标；

□ 了解齿轮副的精度评定指标；

□ 掌握直齿圆柱齿轮精度的选择原则和方法；

□ 掌握万能测齿仪公法线千分尺、齿厚游标尺等测量工具的正确使用方法；

□ 了解直齿圆柱齿轮精度的设计方法。

任务描述

● 任务内容

选用合适的测量工具，测量如图 6–1 所示减速器输出轴各轴段的长度及轴段的直径，掌握万能测齿仪公法线千分尺、齿厚游标尺等相关测量工具的使用方法，合理分析测量误差，并科学处理测量结果。

注意：被测对象可根据学校实际情况另行选择合适的零件。

● 实施条件

□ 生产车间或实训基地，提供公法线千分尺、齿厚游标尺、齿圈径向跳动检查仪和基节仪等各种齿轮常用测量工具，供学生实施任务时使用。

□ 提供公法线千分尺、齿厚游标尺、齿圈径向跳动检查仪和基节仪等各种齿轮常用测量工具的使用说明书等资料。

笔记

程序与方法

步骤一　圆柱齿轮评定参数的识读分析

做一做

阅读图 6–1 的齿轮零件图，查阅相关资料，确定图纸中要求检验项目的含义，确定它们的验收标准并进行交流。

一、识读直齿圆柱齿轮的基本参数

直齿圆柱齿轮的基本参数主要有齿数 z，模数 m 和压力角 α。

模数是设计和制造齿轮的基本参数，为了设计和制造方便，国家标准中已将模数的数值标准化。

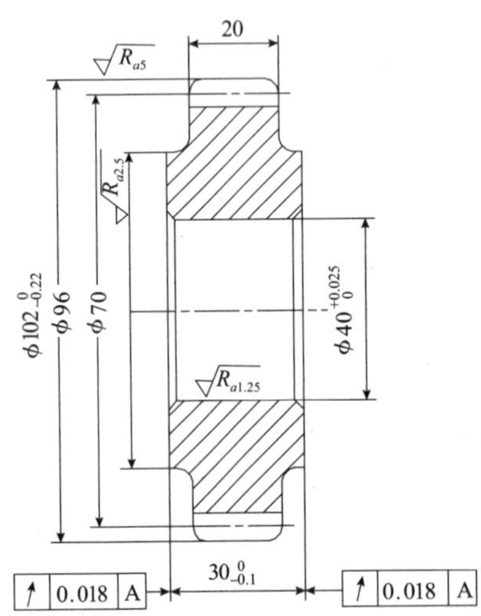

模数	m_n	3mm
齿数	z	32
齿形角	α	20°
螺旋角	β	0
径向变位系数	x	0
公法线平均长度及上、下偏差	w	$32.34_{-0.147}^{-0.090}$
	跨齿数 k	4
精度等级	8–7–7　　GB / T10095—2008	
齿厚及偏差	$4.17_{-0.168}^{-0.084}$	
公差组	检验项目代号	偏差值 / mm
Ⅰ	F_r	0.043
	F_w	0.040
Ⅱ	f_f	0.011
	f_{pb}	± 0.013
Ⅲ	F_β	0.015

图 6–1　齿轮零件图

压力角是两齿轮啮合时齿廓在节点处的公法线与两节圆的公切线所夹的锐角，标准渐开线圆柱齿轮压力角为 20°　。

笔记

提示

由于模数是齿距 p 和 π 的比值，因此若齿轮的模数大，其齿距就大，齿轮的轮齿就大。若齿数一定，则模数大的齿轮，其分度圆直径就大，轮齿也大，齿轮能承受的力量也就大。相互啮合的两个齿轮，其模数必须相等。加工齿轮也须选用与齿轮模数相同的刀具，因而模数又是选择刀具的依据。

直齿圆柱的齿数 z，模数 m 和压力角 α 确定之后，齿轮各部分的尺寸可按表 6–1 中的公式计算。

表 6–1 外啮合标准圆柱齿轮几何尺寸计算公式

基本参数：模数 m、齿数 z、压力角 20°		
各部分名称	代号	计算公式
分度圆直径	d	$d=mz$
齿顶高	h_a	$h_a=m$
齿根高	h_f	$h_f=1.25m$
齿顶圆直径	d_a	$d_a=m\,(z+2)$
齿根圆直径	d_f	$d_f=m\,(z-2.5)$
齿距	p	$p=\pi m$
分度圆齿厚	s	$s=\frac{1}{2}\pi m$
中心距	α	$\alpha=\frac{1}{2}(d_1+d_2)=\frac{1}{2}m(z_1+z_2)$

从图 6–1 的齿轮零件图中，我们可以得到该齿轮的基本数据如下。

齿数为 32，模数 m 为 3mm，压力角 α 为 20°，分度圆直径为 96mm，齿顶圆直径为 102mm。

二、识读评定参数

（1）公法线平均长度及上下偏差为 $32.34^{-0.090}_{-0.147}$，测量时的跨齿数为 4。

上述内容是指在齿轮一圈范围内实际公法线长度的最大值与最小值之差，指同一齿轮上测得的实际公法线长度的最大值 W_{max} 与最小值 W_{min} 之差，能部分表明齿轮转动时啮合线长度的变动，故可用来评定运动精度。

笔记

（2）齿厚及偏差 $4.17_{-0.168}^{-0.084}$。

齿厚及偏差是指分度圆上齿厚实际值与公称值之差，通常通过减薄齿厚来获得侧隙，所以齿厚偏差是评价侧隙的一项直观的指标。该齿轮齿厚的公称值为 4.17mm，齿厚上偏差 E_{ss} 为 –0.084mm、下偏差 E_{si} 为 –0.168mm。

（3）齿圈径向跳动 F_r（0.045）。

齿圈径向跳动是齿轮一转中测头在齿槽内或轮齿上的齿高中部与齿廓双面接触过程，测头相对于齿轮轴线的最大变动量为 0.045mm，主要反映由于齿坯安装偏心造成的齿轮径向长周期误差。

（4）公法线长度变动 F_w（0.040）。

公法线长度变动是指在齿轮一圈范围内实际公法线长度的最大值与最小值之差，指同一齿轮上测得的实际公法线长度的最大值 W_{max} 与最小值 W_{min} 之差为 0.04mm，能部分表明齿轮转动时啮合线长度的变动，故可用来评定运动精度。

（5）齿形偏差 f_f（0.011）。

齿形偏差是指在齿形工作部分（齿顶倒棱和齿根圆角部分不计），包容实际齿形且距离最小的两条设计齿形之间的法向距离为 0.011mm，是评定运动平稳性的指标。

（6）基圆齿距偏差 f_{pb}（±0.013）。

基圆齿距偏差是指实际基节与公称基节之差 ±0.013mm，主要是刀具的制造误差造成的，基圆齿距偏差使齿轮传动中齿与齿交替啮合瞬间发生冲击，是传动运动平稳性的评定指标。

（7）螺旋线总偏差 F_β（0.015）。

螺旋线总偏差是指记值范围内，包容实际螺旋线的两条设计螺旋线迹线间的距离为 0.015mm，螺旋线总偏差是齿轮的轴向误差，是评定载荷分布均匀性的指标。

相关知识

一、齿轮的技术要求

齿轮传动在现代机器和仪器中应用极为广泛，其功用是按规定的速度比传递运动和动力，齿轮的制造精度对整个机器的工作性能、承载能力及使用寿命都有很大影响。具体技术要求如表 6–2 所示。

笔记

学点历史

公元前400—200年中国就已开始使用齿轮，在山西侯马东周晋国铸铜遗址发现成套的齿轮陶范，有4套不同的规格，齿轮中间有孔，周围8个齿，这是迄今所知最早的齿轮铸件。

汉代时，我国已经有了比较先进的齿轮。多年来，在陕西、河南、河北、山西等省的许多地方都出土了汉代的齿轮，有铜铸的，还有铁质的。

指南车，又称司南车，是中国古代用来指示方向的一种机械装置。与指南针利用地磁效应不同，它利用差速齿轮原理，它是利用齿轮传动系统，根据车轮的转动，由车上木人指示方向。不论车子转向何方，木人的手始终指向南方，“车虽回运而手常指南”。指南车的创造标志着中国古代在齿轮传动和离合器的应用上已取得很大成就。指南车是古代一种指示方向的车辆，也是古代帝王出门时，作为仪仗的车辆之一，以显示皇权的威武与豪华。

记里鼓车，又称大章车，出现于东汉以后。车每行一里，车上木人受凸轮牵动，由绳索拉起木人右臂击鼓一次。其工作原理是，利用车轮带动大小不等的若干齿轮，当车轮走满一里时，其中一个齿轮恰转一圈，拨动木人去打鼓，每走十里则另一齿轮也转了一圈，再拨动木人打钟。这一原理与现代汽车上的里程表的原理相同。记里鼓车是减速齿轮系的典型，它的报告里数的设计，也是近代所有机械钟表中报时木偶的始祖。

17世纪末，人们才开始研究能正确传递运动的轮齿形状。18世纪，欧洲工业革命以后齿轮传动的应用日益广泛，先是发展摆线齿轮，而后是渐开线齿轮，到了20世纪初渐开线齿轮已在应用中占了优势。

表6–2　齿轮技术要求

技术要求	说明
传递运动准确性	要求齿轮较准确地传递运动，传动比恒定，即要求齿轮在一转中的转角误差不超过一定范围
传递运动平稳性	要求齿轮传递运动平稳，以减小冲击、振动和噪声，即要求限制齿轮转动时瞬时速比的变化

笔记

续表

技术要求	说明
载荷分布均匀性	要求齿轮工作时，齿面接触要均匀，以使齿轮在传递动力时不致因载荷分布不匀而使接触应力过大，引起齿面过早磨损；接触精度除了包括齿面接触均匀性以外，还包括接触面积和接触位置
传动侧隙的合理性	要求齿轮工作时，非工作齿面间留有一定的间隙，以储存润滑油，补偿因温度、弹性变形所引起的尺寸变化和加工、装配时的一些误差

二、确定齿轮技术要求的一般原则

齿轮的制造精度和齿侧间隙主要根据齿轮的用途和工作条件而定。其一般原则如图 6–2 所示。

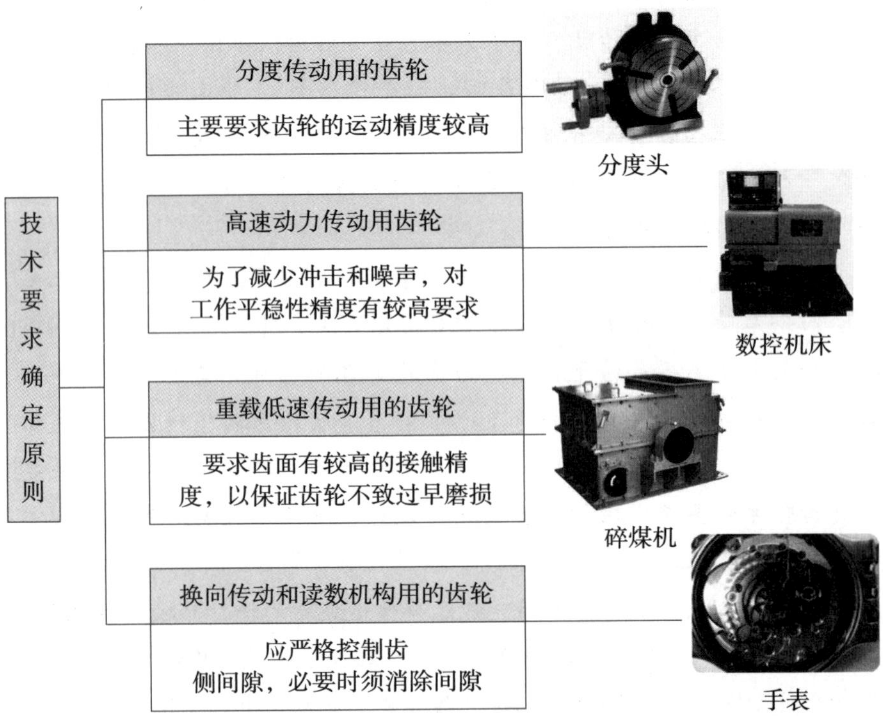

图 6–2　齿轮技术要求确定原则

三、齿轮误差的评定指标

网站

查阅：国家标准 GB/T10095.1～2—2008

国家标准 GB / T10095.1—2008 规定齿距累积总偏差 F_p、齿距累积偏差 F_{pk}、单个齿距偏差 f_{pt}、齿厚偏差 E_{sn} 或公法线长度偏差 E_{bn}、齿廓总偏差 F_α、螺旋线总偏差 F_β 等为必检项目。

非必检项目：其余的由采购方和供货方协商确定。

1. 齿轮传动运动准确性的评定指标

齿轮传递运动准确性的评定指标主要有切向综合总偏差、齿距累积偏差和 K

个齿距累积偏差、齿圈径向跳动和公法线长度变动及径向综合偏差等，如表 6–3 所示。

笔记

表 6–3　齿轮传动运动准确性的评定指标

参数符号	含义
切向综合总偏差 F_i'	是指被测齿轮与理想精确齿轮做单面啮合传动时，在被测齿轮一转中，实际转角与公称转角之差的总幅度值，以分度圆弧长计值。主要反映由机床—刀具—工件系统的周期误差所造成的齿轮回转角综合误差
齿距累积总偏差 F_P 齿距累积偏差 ΔF_{pk}	齿距累积误差 F_{pk}［是在分度圆上，k 个齿距的实际弧长与公称弧长之差的最大绝对值，k 为 2 到小于 $\frac{z}{2}$ 正整数（z 为齿轮的齿数）］。 齿距累积总偏差 F_P 是分度圆上任意两个同侧齿面间的实际弧长与公称弧长之差的最大绝对值
齿圈径向跳动 F_r	是齿轮一转中测头在齿槽内或轮齿上的齿高中部与齿廓双面接触，测头相对于齿轮轴线的最大变动量。其主要反映由于齿坯安装偏心造成的齿轮径向长周期误差
公法线长度变动 F_W	是指在齿轮一圈范围内实际公法线长度的最大值与最小值之差，指同一齿轮上测得的实际公法线长度的最大值 W_{max} 与最小值 W_{min} 之差，能部分表明齿轮转动时啮合线长度的变动，故可用来评定运动精度
径向综合偏差 F_i''	是指被测齿轮与理想精确的测量齿轮双面啮合时，在被测齿轮一转范围内，双啮中心距的最大值与最小值之差。其主要反映齿坯安装偏心造成齿轮的径向综合偏差

2. 齿轮传动运动平稳性的评定指标

影响齿轮传动平稳性主要是一齿啮合范围内引起瞬时传动比不断变化的误差（短周期误差），如表 6–4 所示。

网站

查阅：国家标准 GB / T10095.1～2—2008

GB/Z1862–0.1～4—2008

表 6–4　齿轮传动运动平稳性的评定指标

参数符号	含义
一齿切向综合偏差 f_i'	是指被测齿轮与理想精确的测量齿轮做单面啮合传动时，在被测齿轮一个齿距角内，它的实际转角与公称转角之差的最大幅值，以分度圆弧长计值。其反映由刀具和分度蜗杆的安装及制造偏差所造成的齿轮切向短周期综合偏差
一齿径向综合偏差 f_i''	是指被测齿轮与理想精确的测量齿轮做双面啮合传动时，在被测齿轮一个齿距角内，双啮中心距变动的最大变动量。其主要反映由刀具安装偏心及制造误差（包括基节和齿形偏差）所造成的齿轮径向短周期误差

笔记

续表

参数符号	含义
齿形偏差 f_f	指在齿形工作部分（齿顶倒棱和齿根圆角部分不计），包括实际齿形且距离最小的两条设计齿形之间的法向距离，设计齿形可以是理论渐开线齿形或修正的修缘齿形、凸齿形等。有齿形偏差的齿轮在啮合时偏离啮合线，会引起瞬时传动比的变化，破坏了运动平稳性
基圆齿距偏差 f_{pb}	是指实际基节与公称基节之差，主要是刀具的制造误差造成的，基圆齿距偏差使齿轮传动中齿与齿交替啮合瞬间发生冲击
单个齿距偏差 f_{pt}	是指在分度圆上实际齿距与公称齿距之差，一定程度上反映基圆齿距偏差或齿廓形状偏差对传动平稳性的影响

3. 齿轮载荷分布均匀性的评定指标

理论上齿轮瞬间的接触线是一根平行于轴心线的直线，而且是全齿面接触。由于齿轮的制造和安装误差，实际接触线只是理论接触线的一部分，影响了载荷分布的均匀性。国家标准规定用螺旋线总偏差 F_β 来评价载荷分布的均匀性，螺旋线总偏差是只在端面基圆切线方向上，实际螺旋线对设计螺旋线的偏移量。

4. 影响侧隙的评定指标

单个齿轮加工误差中影响侧隙的指标有齿厚偏差和公法线长度偏差。（表6–5）

表 6–5　影响侧隙的评定指标

参数符号	含义
齿厚偏差 ΔE_s （上偏差 E_{ss}、下偏差 E_{si}）	是指分度圆上齿厚实际值与公称值之差，通常通过减薄齿厚来获得侧隙，所以齿厚偏差是评价侧隙的一项直观的指标，它的值一般为负值
公法线平均长度偏差 ΔE_{wm} （上偏差 E_{wms}、下偏差 E_{wmi}）	是指齿轮一周内，公法线长度的平均值与公称值之差

四、齿轮副的评定指标

由两个相互啮合的齿轮组成的基本机构称为齿轮副。虽然齿轮副中的每一个齿轮都有精度要求，但由于各种因素的影响，也会影响传动性能。评定齿轮副的指标如表 6–6 所示。

表 6-6　齿轮副误差评定指标

参数符号	含义
齿轮副的切向综合总偏差 F_{ic}'	是指按设计中心距安装好的齿轮副，啮合足够多的转数，一个齿轮相对于另一个齿轮的实际转角与公称转角之差的总幅度值，是评定齿轮副的运动准确性的主要指标。齿轮副切向综合总偏差 F_{ic}' 等于两齿轮的切向综合公差 F_i' 之和
齿轮副的一齿切向综合偏差 f_{ic}'	是指装配好的齿轮副，啮合转动足够多的转数，一个齿轮相对于另一个齿轮的一个齿距的实际转角与公称转角之差的最大幅值，以分度圆弧长计算。它是评定齿轮副的运动平稳性的主要指标
齿轮副的接触斑点	是指装配好的齿轮副在轻微制动下，运转后齿面上分布的接触擦亮痕迹。接触痕迹的大小在齿面展开图上用百分数计算
齿轮副的侧隙	齿轮副侧隙分为圆周侧隙和法向侧隙两种。圆周侧隙 j_{wt} 是指齿轮副中一个齿轮固定时，另一个齿轮的圆周晃动量，以分度圆弧长计。法向侧隙 j_{bn} 是指齿轮副工作齿面接触时，非工作齿面之间的最小距离。j_{bn}、j_{wt} 是直接反映齿轮副侧隙状况的指标
齿轮副中心距偏差 f_a	是指在齿轮副的齿宽中间平面内实际中心距与设计中心距之差，齿轮副中心距的大小直接影响齿轮侧隙的大小。实际生产中，通常用齿轮箱体支承孔中心距代替齿轮副中心距进行测量

现行的圆柱齿轮精度标准体系由两项国家标准（GB / T 10095.1～2—2008）和四项国家标准化指导性技术文件（GB / Z 18620.1～4—2008）共同构成，它们均采用相应的 ISO 标准，具体如表 6-7 所示。

表 6-7　圆柱齿轮精度标准一览表

圆柱齿轮精度制第一部分：轮齿同侧齿面偏差的定义和允许值	GB / T 10095.1—2008
圆柱齿轮精度制第二部分：径向综合偏差与径向跳动的含义和允许值	GB / T 10095.2—2008
圆柱齿轮检验试验规范第一部分：轮齿同侧齿面的检验	GB / Z 18620.1—2008
圆柱齿轮检验试验规范第二部分：径向综合偏差、径向跳动、齿厚和侧隙的检验	GB / Z 18620.2—2008
圆柱齿轮检验试验规范第三部分：齿轮坯、轴中心距和轴线平行度的检验	GB / Z 18620.3—2008
圆柱齿轮检验试验规范第四部分：表面结构和齿轮斑点的检验	GB / Z 18620.4—2008

笔记

网站

查阅：国家标准 GB/T10095.1～2—2008
GB/Z18620.1～4—2008

笔记

步骤二　圆柱齿轮精度的选用

做一做

查阅相关资料，确定图 6-1 中的检测项目、精度等级及表面粗糙度的选择理由。

圆柱齿轮精度选择分析如下。

1. 齿轮精度等级选择

（1）通用减速器齿轮根据齿轮的圆周速度确定第Ⅱ公差组精度，一般减速器齿轮的圆周速度为 3 ~ 10m/s，所以根据第Ⅱ公差组精度等级与圆周速度的关系选择第Ⅱ公差组精度为 7 级。

具体进行齿轮设计选择时，要根据齿轮工作的转速，计算齿轮的圆周速度，计算公式为

$$v=\frac{\pi dn}{1000\times 60}$$

（2）一般减速器对运动准确性要求不高，根据各种机器采用的齿轮精度等级选择第Ⅰ公差组精度为 8 级。

（3）动力齿轮对载荷分布均匀性有一定要求，所以第Ⅲ公差组精度和第Ⅱ公差组同级，为 7 级精度。

所以，图 6-1 中标注的精度等级 8-7-7 GB/T10095—2008 是合理的。

2. 确定检验项目及其公差值

影响齿轮传动性能的齿轮公差或极限偏差项目众多，生产中不可能也没必要逐项检验。按齿轮检验组适用的精度等级，选择第 6 种组合，各公差组的检验项目如下。

（1）第Ⅰ公差组检验项目 ΔF_r、ΔF_W。

齿轮数据分度圆直径 96mm，模数 m=3mm，精度等级 8 级。

查齿圈径向跳动公差值（表 6-13），F_r 为 0.045mm；

查公法线长度变动公差值（表 6-14），F_W 为 0.040mm。

（2）第Ⅱ公差组检验项目 Δf_f、Δf_{pb}。

齿轮数据分度圆直径 96mm，模数 m=3mm，精度等级 7 级。

查齿形公差值（表 6-15），f_f 为 0.011mm；

查基节极限偏差值（表 6-16），f_{pb} 为 ±0.013mm。

（3）第Ⅲ公差组检验项目 ΔF_β。

齿轮宽度 20mm，精度等级 7 级的齿轮，

查螺旋线总偏差值（表 6-16），F_β 为 0.015mm。

（4）计算公法线平均长度及极限偏差。

笔记

由图 6–1 可知，齿厚上偏差 E_{ss} 为 –0.084mm，下偏差 E_{si} 为 –0.168mm。

① 计算公法线平均长度极限偏差 E_{wms}。

$$E_{wms}=E_{ss}cos\alpha_n-0.72F_r\sin\alpha_n$$
$$=-0.084\times0.94-0.72\times0.045\times0.342$$
$$=-0.09mm$$

② 计算公法线平均长度极限偏差 E_{wmi}。

$$E_{wmi}=E_{si}\cos\alpha_n+0.72F_r\sin\alpha_n$$
$$=-0.168\times0.94+0.72\times0.045\times0.342$$
$$=-0.147mm$$

③ 计算公法线跨齿数。

$$K=\frac{z}{9}+0.5=\frac{32}{9}+0.5\approx4$$

④ 计算公法线的公称长度。

$$W=m\,[\,1.476\,(2K-1)+0.014z\,]$$
$$=3\times[\,1.476\times(2\times4-1)+0.014\times32\,]$$
$$=32.34mm$$

公法线平均长度及极限偏差 $32.34^{-0.090}_{-0.147}$。

（5）确定齿坯公差及各表面粗糙度。

查齿坯公差表（表 6–21）得，孔公差 IT7，即 $\phi40H7(^{+0.025}_{0})$；顶圆不作为测量齿厚的基准，所以公差为 IT11，即 $\phi102h11(^{0}_{-0.220})$；基准端面的圆跳动公差为 0.018mm。

参考齿轮各表面的粗糙度推荐值（表 6–22），取孔的表面粗糙度 $R_a\leqslant1.25\mu m$；端面粗糙度 $R_a\leqslant2.5\mu m$；顶圆粗糙度 $R_a\leqslant5\mu m$。

综上所述，图 6–1 中齿轮的检测项目、精度等级及表面粗糙度选择合理。

相关知识

一、齿轮的精度等级标准

国标（GB/T 10095—2008）对渐开线圆柱齿轮除 F_i'' 和 f_i''（F_i'' 和 f_i'' 规定了 4 ~ 12 共 9 个精度等级）以外的评定项目规定了 0、1、2、…、12 共 13 个精度等级，其中 0 级最高，12 级精度最低。

0 ~ 2 级为待发展级；3 ~ 5 级为高精度级；6 ~ 9 级为中等精度级，使用最广；10 ~ 12 级为低精度级。

网站

查阅：国家标准 GB/T10095—2008

二、齿轮精度等级的选用

按误差的特性及其对传动性能的主要影响，每个精度等级都有三个公差

笔记

组，分别规定出各项公差和偏差项目（如表 6–8 所示）。

表 6–8　齿轮的公差组

公差组	公差与偏差项目	对传动性能的主要影响
Ⅰ	F_i'、F_P、F_{Pk}、F_i''、F_r，F_W	传递运动的准确性
Ⅱ	f_i、f_i''、$\pm f_{pt}$、$\pm f_{pb}$、$f_{f\beta}$	传动的平稳性、噪声、振动
Ⅲ	F_β、F_b、$\pm f_P$	载荷分布的均匀性

首先根据用途确定主要公差组的精度等级，然后再确定其他两组的精度等级。

对读数、分度齿轮传递角位移，要求控制齿轮传动比的变化，可根据允许的转角误差选择第Ⅰ公差组精度等级。而第Ⅱ公差组的误差是第Ⅰ公差组的组成部分，相互关联，一般可取同级。读数、分度齿轮对传递功率要求不高，故第Ⅲ公差组精度可稍低。

对高速齿轮要求控制瞬时传动比的变化，可根据圆周速度或噪声强度来选择第Ⅱ公差组精度等级。当速度很高时第Ⅰ公差组精度可取同级，速度不高时可选稍低等级。轮齿接触精度低也不能保证传动平稳，故第Ⅲ公差组精度不低于第Ⅱ公差组。

承载齿轮要求载荷在齿宽上分布均匀，可根据强度和寿命选择第Ⅲ公差组精度等级。而第Ⅰ、Ⅱ公差组精度可稍低，低速重载时第Ⅱ公差组可稍低于第Ⅲ公差组，中速轻载时可采用同级精度。

根据齿轮传动工作条件及使用要求，允许对三个公差组选用不同的精度等级，各公差组选不同精度等级时以不超过一级为宜，但同一公差组内，各项公差或偏差应规定相同的精度等级。

精度等级选择可参阅表 6–9 ~ 表 6–11。部分精度极限偏差值见表 6–12 ~ 表 6–16。

表 6–9　各种机器采用的齿轮精度等级

齿轮用途	精度等级	齿轮用途	精度等级	齿轮用途	精度等级
测量齿轮	3 ~ 5	轻型汽车	5 ~ 8	拖拉机、轧钢机	6 ~ 10
汽轮机减速器	3 ~ 6	载重汽车	6 ~ 9	起重机	7 ~ 10
金属切削机床	3 ~ 8	一般用减速器	6 ~ 9	矿山绞车	8 ~ 10
航空发动机	4 ~ 7	机车	6 ~ 7	农业机械	8 ~ 11

表 6–10　第Ⅱ公差组精度等级与圆周速度的关系

齿的形式	布氏硬度（HBS）	第Ⅱ公差组精度等级					
		5	6	7	8	9	10
		圆周速度 / m·s^{-1}					
直齿	≤ 350	> 15	到 18	到 12	到 6	到 4	到 1
	> 350		到 15	到 10	到 5	到 3	到 1
非直齿	≤ 350	> 15	到 36	到 25	到 12	到 8	到 2
	> 350		到 30	到 20	到 9	到 6	到 1.5

表 6–11　第Ⅲ公差组等级选择

负荷性质 / 噪声强度（dB）	重负荷	中负荷	轻负荷
大：85 ~ 95	6 级	7 级	8 级
中：75 ~ 85	6 级	6 级	7 级
小：< 75	5 级	5 级	6 级

注：负荷性质按接触应力 / 允许接触应力的比值确定。

轻负荷：25%，中负荷：60%，重负荷：100%。

表 6–12　齿轮部分精度指标的极限偏差

分度圆直径 d/mm	法向模数 m_n 或齿宽 /mm	精度等级				
		5	6	7	8	9
齿轮传递运动准确性		齿距累积偏差 F_p 值（μm）				
$50 < d \leqslant 125$	$2 < m_n \leqslant 3.5$	19.0	27.0	38.0	53.0	76.0
	$3.5 < m_n \leqslant 6$	19.0	28.0	39.0	55.0	78.0
	$6 < m_n \leqslant 10$	20.0	29.0	41.0	58.0	82.0
$125 < d \leqslant 280$	$2 < m_n \leqslant 3.5$	25.0	35.0	50.0	40.0	100.0
	$3.5 < m_n \leqslant 6$	25.0	36.0	51.0	72.0	102.0
	$6 < m_n \leqslant 10$	26.0	37.0	53.0	75.0	106.0
齿轮传递运动平稳性		单个齿距极限偏差 ± f_{pt} 值（μm）				
$50 < d \leqslant 125$	$2 < m_n \leqslant 3.5$	6.0	8.5	12.0	17.0	23.0
	$3.5 < m_n \leqslant 6$	6.5	9.0	13.0	18.0	26.0
	$6 < m_n \leqslant 10$	7.5	10.0	15.0	21.0	30.0

笔记

续表

分度圆直径 d/mm	法向模数 m_n 或齿宽 /mm	精度等级 5	6	7	8	9
$125 < d \leqslant 280$	$2 < m_n \leqslant 3.5$	6.5	9.0	13.0	18.0	26.0
	$3.5 < m_n \leqslant 6$	7.0	10.0	14.0	20.0	28.0
	$6 < m_n \leqslant 10$	8.0	11.0	16.0	23.0	32.0
齿轮传递运动平稳性		齿廓总偏差 F_α 值（μm）				
$50 < d \leqslant 125$	$2 < m_n \leqslant 3.5$	8.0	11.0	16.0	22.0	31.0
	$3.5 < m_n \leqslant 6$	9.5	13.0	19.0	27.0	38.0
	$6 < m_n \leqslant 10$	12.0	16.0	23.0	33.0	46.0
$125 < d \leqslant 280$	$2 < m_n \leqslant 3.5$	9.0	13.0	18.0	25.0	36.0
	$3.5 < m_n \leqslant 6$	11.0	15.0	21.0	30.0	42.0
	$6 < m_n \leqslant 10$	13.0	18.0	25.0	36.0	50.0
齿轮载荷分布均匀性		螺旋线总偏差 F_β 值（μm）				
$50 < d \leqslant 125$	$10 < b \leqslant 20$	7.5	11.0	15.0	21.0	30.0
	$20 < b \leqslant 40$	8.5	12.0	17.0	24.0	34.0
	$40 < b \leqslant 80$	10.0	14.0	20.0	28.0	39.0
$125 < d \leqslant 280$	$10 < b \leqslant 20$	8.0	11.0	16.0	22.0	32.0
	$20 < b \leqslant 40$	9.0	13.0	18.0	25.0	36.0
	$40 < b \leqslant 80$	10.0	15.0	21.0	29.0	41.0

表 6-13　齿轮径向跳动公差值 F_r　（μm）

分度圆直径 d/mm	法向模数 m_n 或齿宽 /mm	精度等级 5	6	7	8	9
$50<d \leqslant 125$	$0.5 < m_n \leqslant 2$	15	21	29	42	59
	$2 < m_n \leqslant 3.5$	15	21	30	43	61
	$3.5 < m_n \leqslant 6$	16	22	31	44	62
$125<d \leqslant 280$	$0.5 < m_n \leqslant 2$	20	28	39	55	78
	$2 < m_n \leqslant 3.5$	20	28	40	56	80
	$3.5 < m_n \leqslant 6$	20	29	41	58	82

表 6–14　公法线长度变动公差值 F_w　（μm）

分度圆直径 d/mm		精度等级				
大于	到	5	6	7	8	9
—	125	12	20	28	40	50
125	400	16	25	36	50	71
400	800	20	32	45	63	80

表 6–15　齿形公差值 f_f　（μm）

分度圆直径 d/mm	法向模数 m_n 或齿宽 /mm	精度等级				
		5	6	7	8	9
$50<d\leqslant125$	$1<m_n\leqslant3.5$	6	8	11	14	22
	$3.5<m_n\leqslant6.3$	7	10	14	20	32
	$6.3<m_n\leqslant10$	8	12	17	22	36
$125<d\leqslant400$	$1<m_n\leqslant3.5$	7	9	13	18	28
	$3.5<m_n\leqslant6.3$	8	11	16	22	36
	$6.3<m_n\leqslant10$	9	13	19	28	45

表 6–16　基节极限偏差 $\pm f_{pb}$　（μm）

分度圆直径 d/mm	法向模数 m_n 或齿宽 /mm	精度等级				
		5	6	7	8	9
$50<d\leqslant125$	$1<m_n\leqslant3.5$	5	9	13	18	25
	$3.5<m_n\leqslant6.3$	7	11	16	22	32
	$6.3<m_n\leqslant10$	8	13	18	25	36
$125<d\leqslant400$	$1<m_n\leqslant3.5$	6	10	14	20	30
	$3.5<m_n\leqslant6.3$	8	13	18	25	36
	$6.3<m_n\leqslant10$	9	14	20	30	40

三、齿轮副侧隙

齿轮副侧隙是装配后形成的，它的大小取决于齿厚和中心距。当中心距无法调整时，应当减小齿厚。国家标准中对每种精度等级只规定了一种中心距偏差，因此侧隙的大小主要取决于齿厚，这种侧隙体制称为基中心距制。

国家标准中规定了 14 种齿厚偏差代号，用 14 个大写英文字母表示，每种代号表示的齿厚偏差值为该种代号对应的系数与齿距偏差 f_{pt} 的乘积（如表 6–17 所示）。

笔记

表 6–17 齿厚偏差

$C=+1f_{pt}$	$G=-6f_{pt}$	$L=-16f_{pt}$	$R=-40f_{pt}$
$D=0$	$H=-8f_{pt}$	$M=-20f_{pt}$	$S=-50f_{pt}$
$E=-2f_{pt}$	$J=-10f_{pt}$	$N=-25f_{pt}$	
$F=-4f_{pt}$	$K=-12f_{pt}$	$P=-32f_{pt}$	

四、齿厚偏差的确定

齿厚偏差代号通常采用计算法确定，其步骤如下。

1. 首先确定齿轮副所需的最小法向间隙

齿轮副的侧隙由齿轮的工作条件决定，最小法向间隙 $j_{n\min}$ 应足以补偿齿轮工作时因温度升高引起的变形，并保证正常润滑。

为补偿温升引起变形所需的最小侧隙 j_{n1} 有下式计算：

$$j_{n1}=a\ (\alpha_1\Delta t_1-\alpha_2\Delta t_2)\ 2\sin\alpha_n$$

式中 a 为齿轮副中心距，单位为 mm；

α_1、α_2 为齿轮和箱体材料的线膨胀系数；

Δt_1、Δt_2 为齿轮和箱体工作温度与标准温度 20℃之差；

α_n 为齿轮法向啮合角。

为保证正常润滑所需的最小侧隙 j_{n2} 取决于齿轮的圆周速度和润滑方式，可参加表 6–18。

表 6–18 j_{n2} 的推荐值

润滑方式	圆周速度（m/s）			
	≤ 10	>10 ~ 25	>25 ~ 60	>60
喷油润滑	$0.01m_n$	$0.02m_n$	$0.03m_n$	$(0.03\sim0.05)\ m_n$
油池润滑	$(0.005\sim0.01)\ m_n$			

注：m_n 为齿轮法向模数，单位为 mm。

齿轮副的最小法向侧隙应为：

$$j_{n\min}=j_{n1}+j_{n2}$$

2. 确定齿厚的上偏差

确定两个齿轮齿厚的上偏差 E_{sn1} 和 E_{sn2} 时，应考虑保证形成齿轮副所需的最小侧隙，还要补偿齿轮制造误差和安装误差所引起的侧隙减少量。即

$$E_{sn1}+E_{sn2}=-2\left(2\,f_a\tan\alpha_n+\frac{j_{n\min}+J_n}{\cos\alpha_n}\right)$$

笔记

式中 f_a 为中心距偏差；J_n 为除 Δf_a 以外，齿轮加工误差和安装误差引起的侧隙减少量。

$$J_{\mathrm{n}} = \sqrt{f_{\mathrm{pb1}}^2 + f_{\mathrm{pb2}}^2 + 2\left(F_{\beta}\cos\alpha_n\right)^2 + \left(f_x \sin\alpha_{\mathrm{n}}\right)^2 + \left(f_y \cos\alpha_{\mathrm{n}}\right)^2}$$

因 $f_x=F_\beta$，$f_y=0.5\,F_\beta$，当 $\alpha_{\mathrm{n}}=20°$ 时，上式可简化为

$$J_{\mathrm{n}} = \sqrt{f_{\mathrm{pb1}}^2 + f_{\mathrm{pb2}}^2 + 2.104{F_{\beta}}^2}$$

求出两个齿轮齿厚上偏差之和，便可将此值分配给两个齿轮。一般采用等值分配，即 $E_{sn1}=E_{sn2}$，则

$$E_{sns} = \frac{E_{sn1} + E_{sn2}}{2}$$

3. 确定齿厚公差 T_{sn} 和齿厚下偏差 E_{sni}

齿厚公差由齿圈径向跳动公差 F_r 和切齿时径向进刀公差 b_r 组成，如下式所示

$$T_{sn} = \sqrt{F_r^2 + b_r^2}\,2\tan\alpha_{\mathrm{n}}$$

其中 b_r 的大小由表 6–19 确定。

表 6–19 切齿时径向进刀公差 b_r

第Ⅰ公差组精度等级	4	5	6	7	8	9
b_r	1.26IT7	IT8	1.26IT8	IT9	1.26IT9	IT10

注：表中 IT 值按齿轮分度圆直径从表中公差数值表中查取。

齿厚下偏差 E_{si} 由下式计算：

$$E_{sni}=E_{sns}-T_{sn}$$

4. 确定齿厚偏差代号

将上面计算的 E_{sns}、E_{sni} 分别除以齿距偏差 f_{pt}，根据其商选取相应的代号。

5. 计算公法线平均长度偏差 E_{wms}、E_{wmi}

公法线平均长度偏差能反映齿厚情况，且测量方便，所以可用公法线平均长度偏差代替齿厚偏差标注在图样上。其换算关系如下（外齿轮）

$$E_{wms} = E_{ss}\cos\alpha_{\mathrm{n}} - 0.72F_r\sin\alpha_{\mathrm{n}}$$

$$E_{wmi} = E_{si}\cos\alpha_{\mathrm{n}} + 0.72F_r\sin\alpha_{\mathrm{n}}$$

用计算法确定齿厚上下偏差代号比较麻烦，对一般的传动齿轮，也可参考相关资料用类比法确定。

笔记

五、检验组的选择

影响齿轮传动性能的齿轮公差或极限偏差项目众多，生产中不可能也没必要逐项检验。标准根据齿轮传动的使用要求、齿轮精度等级、各项指标的性质以及齿轮加工和检测的具体条件，对三个公差组各规定必要的检验项目的组合，称为公差组的检验组。具体规定见表 6–20。

表 6–20　齿轮检验组适用的精度等级和计量器具

<table>
<tr><th rowspan="2">检验组</th><th colspan="3">公差组</th><th rowspan="2">适用等级</th><th rowspan="2">计量器具</th></tr>
<tr><th>Ⅰ</th><th>Ⅱ</th><th>Ⅲ</th></tr>
<tr><td>1</td><td>F_i'</td><td>f_i'</td><td>F_β</td><td>3 ~ 8</td><td>单啮仪、齿轮万能测量机、齿轮仪</td></tr>
<tr><td>2</td><td>F_p</td><td>$f_{f\beta}$</td><td>F_{px}</td><td>3 ~ 6</td><td>齿距仪、波度仪、轴向齿距仪</td></tr>
<tr><td>3</td><td>F_p</td><td>f_f、f_{pt}</td><td>F_β</td><td>3 ~ 7</td><td>齿距仪、齿形仪、齿向仪</td></tr>
<tr><td>4</td><td>F_p</td><td>f_{pt}、f_{pb}</td><td>F_β</td><td>3 ~ 7</td><td>齿距仪、基节仪、齿向仪</td></tr>
<tr><td>5</td><td>F_i''、F_W</td><td>f_i''</td><td>F_β</td><td>6 ~ 9</td><td>双啮仪、公法线卡尺、齿向仪</td></tr>
<tr><td>6</td><td>F_r、F_W</td><td>f_f、f_{pb}</td><td>F_β</td><td>6 ~ 8</td><td>跳动仪、公法线卡尺、齿形仪、基节仪、齿向仪</td></tr>
<tr><td>7</td><td>F_r、F_W</td><td>f_{pt}、f_{pb}</td><td>F_β</td><td>6 ~ 8</td><td>跳动仪、公法线卡尺、齿距仪、基节仪、齿向仪</td></tr>
<tr><td>8</td><td>F_r</td><td>f_{pt}</td><td>F_β</td><td>9 ~ 12</td><td>跳动仪、齿距仪、齿向仪</td></tr>
</table>

六、齿坯精度和主要表面粗糙度

齿坯的加工精度对齿轮加工、检验和安装精度影响很大，在一定条件下，用控制齿坯的精度来保证和提高齿轮的加工精度是一项积极的措施。因此，标准对齿轮的孔、轴、顶圆及基准面的径向和轴向跳动公差作了具体规定（如表 6–21）。齿轮各部分的表面粗糙度如表 6–22 所示。

表 6–21　齿坯公差

<table>
<tr><td colspan="2">齿轮精度等级[①]</td><td>6</td><td>7</td><td>8</td><td>9</td></tr>
<tr><td>孔</td><td>尺寸公差、形状公差</td><td>IT6</td><td colspan="2">IT7</td><td>IT8</td></tr>
<tr><td>轴</td><td>尺寸公差、形状公差</td><td>IT5</td><td colspan="2">IT6</td><td>IT7</td></tr>
<tr><td colspan="2">顶圆直径[②]</td><td colspan="3">IT8</td><td>IT9</td></tr>
<tr><td colspan="2">分度圆直径 /mm</td><td colspan="4">齿坯基准面径向和端面圆跳动 /μm</td></tr>
<tr><td rowspan="2">大于</td><td rowspan="2">到</td><td colspan="4">精度等级</td></tr>
<tr><td>6</td><td>7</td><td>8</td><td>9</td></tr>
<tr><td>—</td><td>125</td><td>11</td><td>18</td><td>18</td><td>28</td></tr>
</table>

续表

分度圆直径 /mm		齿坯基准面径向和端面圆跳动 /μm			
125	400	14	22	22	36
400	800	20	32	32	50

注：① 当三个公差组的精度等级不同时，按最高的精度等级确定公差值。

② 当顶圆不作测量齿厚的基准时，尺寸公差按 IT11 给定，但不大于 0.1 m_n；当以顶圆作基准面时，本栏就指顶圆的径向跳动。

表 6-22　齿轮主要表面粗糙度 R_a 值

精度等级 / 粗糙度（R_a）	6	7		8	9	
齿面	0.63 ~ 1.25	1.25	2.5	5（2.5）	5	10
齿面加工方法	磨或珩齿	剃或珩齿	精滚或精插	滚或插	滚	铣
基准孔	1.25	1.25~2.5			5	
基准轴颈	0.63	1.25		2.5		
基准端面	2.5~5			5		
顶圆	5					

注：当三个公差组的精度等级不同时，按最高的精度等级确定 R_a 值。

七、齿轮精度与侧隙标注

在齿轮零件图上应标注齿轮的精度等级和齿厚偏差的字母代号。

标注示例如下。

（1）7　FL　GB/T 10095—2008 表示齿轮的三个公差等级为 7 级，齿厚上偏差为 F，下偏差为 L。

（2）6–6–6　GM　GB/T10095—2008 表示齿轮第 I 公差组为 7 级，第Ⅱ、Ⅲ公差组为 6 级，齿厚上偏差为 G，下偏差为 M。

（3）副 6–6–6$\left(^{+0.210}_{+0.365}\right)n$　GB/T10095—2008 表示齿轮副的切向综合公差精度等级、齿轮副的切向一齿综合公差精度等级、齿轮副的接触斑点精度等级分别为 7 级、6 级和 6 级，n 表示法向侧隙，表示最小法向侧隙为 0.210 mm，最大法向侧隙为 0.365 mm。

笔记

步骤三　测量工具的选用

做一做

阅读相关资料，从测量范围、尺寸公差要求、被测对象的结构特殊性等各个方面综合考虑，完成测量工具的选择方案并在小组内进行交流。

测量工具选择分析如下。

齿轮检测通常分两种：一种是分析性检测，一种是功能性检测。

分析性检测俗称单项检测，一般包括公法线及变动量、径向跳动、基节偏差、周节累积误差等。

功能性检测也称综合检测，需要专门的测量仪器，比较适合精度要求不是太高的大批量检测。

齿轮检测常见的工具有齿厚游标卡尺、公法线千分尺、万能测齿仪等。

齿厚游标卡尺是利用游标原理，以齿高尺定位对齿厚尺两测量爪相对移动分隔的距离进行读数的齿厚测量工具，可以完成齿厚偏差的测量。

公法线千分尺时利用螺旋副原理，对弧形尺架上两盘形测量面分隔的距离进行读数的齿轮公法线测量器具，可以完成公法线长度变动项目的测量。

万能测齿仪是采用指示表类器具测量齿轮的齿距误差及基节偏差、公法线长度、齿圈径向跳动等的测量仪器。

相关知识

一、齿厚游标卡尺

图 6–3 为测量齿厚偏差的齿轮游标卡尺（又称齿厚卡尺），它由两套互相垂直的游标尺组成，其原理以及读数方法与普通游标卡尺相同，垂直游标卡尺用于控制测量部分（分度圆至齿顶圆）的弦齿高，水平游标尺用于测量所测部位（分度圆）的弦齿厚（图 6–4）。

图 6–3　齿厚游标卡尺

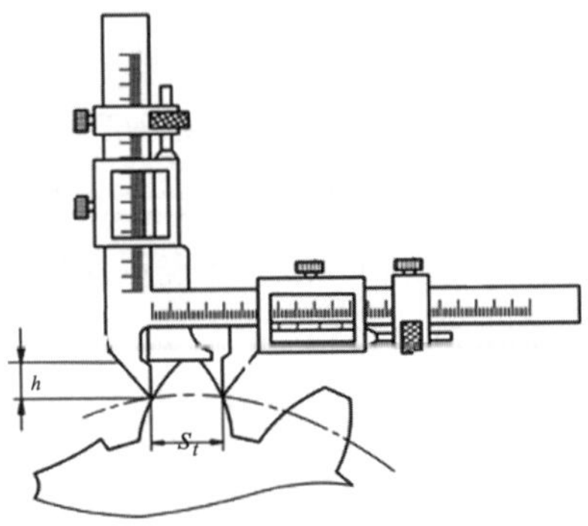

图 6–4　齿厚游标卡尺测量齿厚

笔记

齿轮游标卡尺的分度值为 0.02mm，可测量模数为 1~18mm、1~26 mm 的齿轮。

用齿轮游标卡尺测量齿厚偏差测量方便，但测量精度较底，故适用较低精度或模数较大的齿轮测量。

二、公法线千分尺

公法线千分尺如图 6–5 所示。主要用于测量外啮合圆柱齿轮的两个不同齿面公法线长度（图 6–6），也可以在检验切齿机床精度时，按被切齿轮的公法线检查其原始外形尺寸。它的结构与外径千分尺相同，所不同的是在测量面上装有两个带精确平面的量钳（测量面）来代替原来的测砧面。

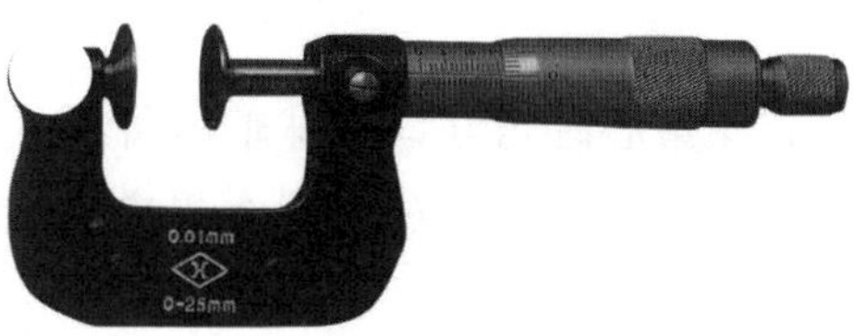

图 6–5　公法线千分尺

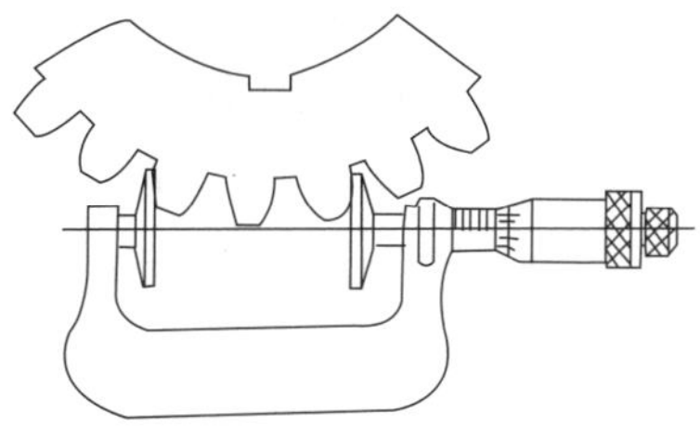

图 6–6　公法线千分尺测量公法线长度

公法线千分尺的分度值为 0.01mm，测量范围有 0 ~ 25mm、25 ~ 50mm、50 ~ 75mm 等，其读数原理和方法与普通外径千分尺相同，测量模数 m（mm）≥ 1。

三、万能测齿仪

万能测齿仪（图 6–7）是应用比较广泛的齿轮测量仪器，除测量圆柱齿轮的齿距、基节、齿圈径向跳动和齿厚外，还可以测量圆锥齿轮和蜗轮。其测量基准是内孔。

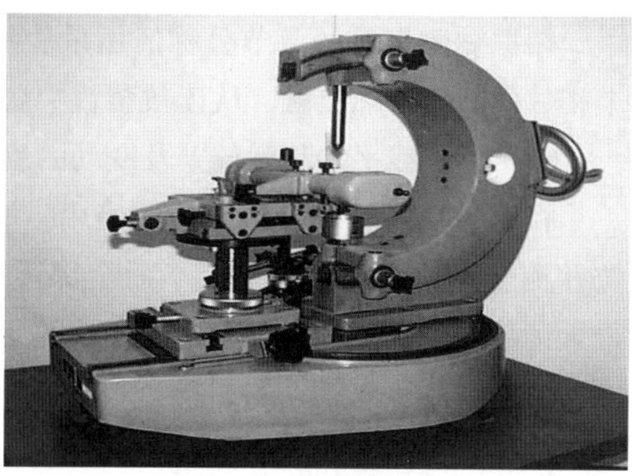

图 6–7　万能测齿仪

万能测齿仪的测量范围为模数 $m = 1 \sim 10$mm，最大直径为 150mm，指示表的分度值 i=0.001mm。

1. 万能测齿仪的组成

（1）带顶尖的弓形支架。

通过转动手轮以带动内部的圆锥齿轮和蜗轮副，使支架绕水平轴回转，

笔记

并可与弧形支座一起沿底座的环形 T 形槽回转，且有可用螺钉紧固在任一位置上。

（2）测量工作台。

其上装有特制的单列向心球轴承组成纵横方向导轨，使工作台纵横方向的运动精密而灵活，保证测头能顺利地进入测位。通过液压阻尼器，使测工作台前后方向的运动保持衡速，且快慢可以调整。除齿圈子径向跳动外，其他四项参数的测量都是在测量工作台上通过更换各种不同的测量头来进行测量。

（3）螺旋支承轴。

用于支承测量工作台，旋转与其相配合的大螺帽，可使测量工作台上升和下降，并能锁紧于任一位置。整个支承轴和测量台又可通过转动手柄，使其沿着纵横 T 形槽移动，并紧固在任一位置。

（4）测量齿圈径向跳动的附件。

专门用于测量齿圈径向跳动误差，其测量心轴可在向心球轴承所组成的导轨上灵活地移动，测量齿圈径向跳动的可换球形测头就紧固在测量心轴轴端的支臂上。

（5）定位装置。

定位杆可前后拖动，以便逐齿分度。

2. 测量原理

（1）齿距偏差和齿距累积误差的测量。

以被测齿轮的旋转轴心定位，用被测齿轮的任意一个齿距对零后逐齿测量其余各齿相对偏差值，通过数据处理得到测量结果。

（2）基节偏差的测量。

根据被测齿轮的基节公称值用量块将两测头对零后，逐齿与被测齿轮两个相邻的同名齿廓接触，从读数装置中获得其偏差值。

（3）公法线平均长度偏差及变动的测量。

根据被测齿轮的公法线公称值用量块将两测头对零，然后用定位装置定位并测量读数。逐齿测量完毕后全部读数的平均值为公法线平均长度偏差，最大读数与最小读数之差为公法线长度变动误差。

（4）齿圈径向跳动的测量。

根据被测齿轮的模数选取球形测头，用径向跳动测量附件逐齿测量，其最大读数与最小读数之差即为测量结果。

3. 维护保养

（1）仪器使用时室温以 20±7℃为宜。

（2）不要测量七级精度以下的齿轮，以免损伤测头。

（3）其他与一般精密仪器相似。

笔记

步骤四　用齿厚游标卡尺测量分度圆齿厚

做一做

在老师的指导下完成用齿厚游标卡尺对齿厚偏差的检测过程。

测量方法与过程如下。

（1）清洁量具和待测齿轮。

（2）使用前，检查齿厚游标卡尺的零位和各部分的作用是否准确和灵活可靠。

（3）用外径千分尺测量齿顶圆的实际直径 d'_a。

（4）计算齿顶圆的实际偏差Δr_e（$\Delta r_e=\frac{1}{2}\left(d_a-d_a'\right)$）。

（5）计算分度圆公称弦齿高 h 和弦齿厚的 S_t 公称值。

$$h=m\left[1+\frac{z}{2}\left(1-\cos\frac{90^\circ}{z}\right)\right]$$

$$S_t=mz\sin\frac{90^\circ}{z}$$

应注意，由于采用齿顶圆定位，则齿顶圆的尺寸偏差和径向圆跳动都对测量有影响，故在调整垂直游标卡尺时，对齿顶圆有尺寸偏差的齿轮其垂直游标调整值 h_f 应是公称的分度圆弦齿高 h 与齿顶圆半径的实际偏差值之和，用数学式可表示为

$$h_f=h+\frac{d'_a-d_a}{2}$$

式中　h_f 为垂直游标尺的实际调整值；

h 为公称分度圆弦齿高值；

m 为齿轮模数（mm）；

z 为齿轮齿数；

d'_a 为实际测的齿顶圆直径；

d_a 为理论齿顶圆直径。

（6）按 h_f 值调整齿轮游标卡尺的垂直游标尺 。

（7）将齿轮游标尺置于被测齿轮上，使垂直游标尺的高度尺与齿顶相接触，然后移动水平游标尺的卡脚，使其靠近齿廓，从水平游标尺上读出弦齿厚的实际尺寸，做好测量记录（表 6–23）。

笔记

小提示

游标卡尺测量脚及定位块与齿廓及齿顶的接触良好，即三个面需同时接触（如图 6-4 所示）。

（8）沿齿轮外圆重复测量过程 7，在齿圈上均匀测量 6～8 次，记录测量结果（表 6-23）。

表 6-23　齿轮分度圆齿厚测量

<table>
<tr><td>模数 m</td><td colspan="2">齿数 z</td><td colspan="2">压力角 α</td><td colspan="2">齿轮精度等级</td></tr>
<tr><td>3</td><td colspan="2">32</td><td colspan="2">20°</td><td colspan="2">7</td></tr>
<tr><td colspan="2">齿顶圆实际直径</td><td colspan="3">齿顶圆公称直径</td><td colspan="2">齿顶圆偏差</td></tr>
<tr><td colspan="2"></td><td colspan="3"></td><td colspan="2"></td></tr>
<tr><td>分度圆标准弦齿高</td><td colspan="6">$h=m\left[1+\frac{z}{2}\left(1-\cos\frac{90^\circ}{z}\right)\right]=3.056$</td></tr>
<tr><td>分度圆实际弦齿高</td><td colspan="6">$h_f=h+\frac{d'_a-d_a}{2}=3.048$</td></tr>
<tr><td>分度圆标准弦齿厚</td><td colspan="6">$\overline{s}=mz\sin\frac{90^\circ}{z}=4.71$</td></tr>
<tr><td rowspan="2">齿厚极限偏差</td><td colspan="2">上偏差 E_{ss}</td><td colspan="4">−0.084</td></tr>
<tr><td colspan="2">下偏差 E_{si}</td><td colspan="4">−0.168</td></tr>
<tr><td colspan="7">测量数据及结果</td></tr>
<tr><td>序号</td><td>1</td><td>2</td><td>3</td><td>4</td><td>5</td><td>6</td></tr>
<tr><td>弦齿厚实际值</td><td>4.56</td><td>4.58</td><td>4.56</td><td>4.60</td><td>4.60</td><td>4.62</td></tr>
<tr><td>弦齿厚实际偏差</td><td>−0.15</td><td>−0.13</td><td>−0.15</td><td>−0.11</td><td>−0.11</td><td>−0.09</td></tr>
<tr><td>结论</td><td colspan="6">合格</td></tr>
</table>

（9）实际弦齿厚减去公称弦齿厚，即为分度圆上的齿厚偏差值 ΔE_s。取差值最大者作为被测齿轮的实际齿厚偏差。

（10）完成检测记录，判断合格性。

（11）整理检测现场。

笔记

步骤五 用公法线千分尺测量公法线长度

做一做

在老师的指导下完成用公法线千分尺完成公法线长度变动 F_W（偏差值 0.040）项目的检测。

测量方法与过程如下。

（1）确定跨齿数，计算公法线长度。

$$W = m\left[1.476\left(2K-1\right)+0.014z\right]$$

式中 m—齿轮模数（mm）;

z—齿轮齿数;

K—跨齿数。

当齿形角 $\alpha=20°$，变位系数 $x=0$，齿数为 z 时

$$K=\frac{z}{9}+0.5\text{（圆整为整数）}$$

W 和 K 的值也可在表 6–24 中查取。

公法线长度测量方法简单，又能保证一定的测量精度，但不适用小模数齿轮、内齿轮、窄斜齿轮以及精密齿轮的测量。

表 6–24 直齿圆柱齿轮公法线长度的公称值

齿轮齿数	跨齿数	公法线公称长度	齿轮齿数	跨齿数	公法线公称长度	齿轮齿数	跨齿数	公法线公称长度
z	K	W	z	K	W	z	K	W
15	2	4.6383	26	3	7.7445	37	5	13.8028
16	2	4.6523	27	4	10.7106	38	5	13.8168
17	2	4.6663	28	4	107246	39	5	13.8308
18	3	7.6324	29	4	10.7386	40	5	13.8448
19	3	7.6464	30	4	10.7526	41	5	13.8558
20	3	7.6604	31	4	10.7666	42	5	13.8728
21	3	7.6744	32	4	10.7806	43	5	13.8868
22	3	7.6884	33	4	10.7946	44	5	13.9008
23	3	7.7.24	34	4	10.8086	45	6	16.8670
24	3	7.7165	35	4	10.8226	46	6	16.8881
25	3	7.7305	36	5	13.7888	47	6	16.8950

笔记

续表

齿轮齿数	跨齿数	公法线公称长度	齿轮齿数	跨齿数	公法线公称长度	齿轮齿数	跨齿数	公法线公称长度
z	K	W	z	K	W	z	K	W
48	6	16.9090	49	6	16.9230	50	6	16.9370

注：表中 $\alpha=20°$，$m=1$，$x=0$。对于其他模数的齿轮，则将表中的数值乘以模数。

（2）清洁量具和待测齿轮。

（3）选择量块，校对量具的零位。

（4）逐次测量所有的公法线长度，并做好记录（表 6–25）。

（5）找出实测的公法线长度的最大值 W_{max} 和最小值 W_{min}，计算公法线长度变动 ΔF_W。

$$\Delta F_W = W_{max} - W_{min}$$

（6）完成检测记录，判断合格性。

（7）整理检测现场。

表 6–25　公法线长度变动 F_w 测量

模数 m	齿数 z		压力角 α		齿轮精度等级	
3	32		20°		7	
跨齿数	4					
公法线公称长度	32.34					
公法线平均长度上偏差 E_{wms}	$E_{wms} = E_{ss}\cos\alpha_n - 0.072F_r\sin\alpha_n = -0.09$					
公法线平均长度下偏差 E_{wmi}	$E_{wmi} = E_{si}\cos\alpha_n + 0.72F_r\sin\alpha_n = -0.147$					
测量数据及结果						
序号	1	2	3	4	5	6
公法线实际长度	32.240	32.238	32.215	32.210	32.225	32.234
公法线长度变动 $\Delta F_w = W_{max} - W_{min}$	32.240－32.210=0.030					
结论	合格					

步骤六　用万能测齿仪测量齿圈径向跳动

做一做

在老师的指导下用万能测齿仪完成齿圈径向跳动 F_r（偏差值 0.045）项目的检测过程。

测量方法与过程如下。

笔记

（1）选择合适的球形测头或量棒以保证测头与被测齿轮在齿高中部接触，球形测头或量棒直径参看表 6–26 选择。

表 6–26　测头或量棒选择表

模数 /mm	0.3	0.5	0.7	1	1.25	1.5	1.75	2	3	4	5
量头直径 /mm	0.5	0.8	1.2	1.7	2.1	2.5	2.9	3.3	5	6.7	8.3

（2）清洁量具测头、心轴和待测齿轮。

（3）将被测齿轮套到心轴上（无间隙），并一起安装在仪器的两顶尖上，被测齿轮顶在顶针间应无轴向窜动现象，且回转轻松均匀。

（4）被测测量安装好后，在仪器上放置一段时间，待温度平衡后，开始测量。

（5）测量位置调整好后，所有手把和螺钉均应可靠地予以紧固，然后先对一齿进行测试，如示值稳定方能继续测量，如不稳定则应检查是否有松动的地方，再进行调整测量。

（6）调整仪器的工作台和测量装置，使两测量头位于齿高中部的同一圆周上，与两相邻同侧齿面接触。在齿轮心轴上挂上重锤，使产生测力，让齿面紧靠测头。

（7）以被测齿轮的任一齿距作为基准齿距，调整指示表的零位。然后将测量头退出并进入被测齿面，反复三次以检查指示表的示值稳定性。当球形测头或量棒再次进入第一齿槽时，指示表指针应指于零位。一般指针偏零位两微米以上需要查明原因并重新测量。

（8）按顺序逐齿测量各个齿距，记下读数（表 6–27）。

小提示

当球形测头或量棒再次进入第一齿槽时，指示表指针应指于零位。一般指针偏零位 2μm 以上需要查明原因并重新测量。

（9）指示表上的最大读数和最小读数之差，即为齿圈径向跳动误差 ΔF_r（表 6–26）。

（10）完成检测记录，判断合格性（表 6–27）。

（11）整理检测现场，测头和所有的工作面及滑动面应仔细清洗干净，涂上防锈油，用仪器罩罩好，测头放入附件箱后干燥箱中。

笔记

表 6–27　公法线长度变动 F_w 测量

模数 m			齿数 z	压力角 α		齿轮径向跳动公差 F_r（μm）		
3			32	20°		45		
测量数据及结果								
序号	1	2	3	4	5	6	7	8
测量数值	0	+3	+5	+8	+12	+18	+19	+12
序号	9	10	11	12	13	14	15	16
测量数值	+9	+3	+2	-4	-6	-8	-10	-12
序号	17	18	19	20	21	22	23	24
测量数值	-14	-20	-15	-10	-8	-6	-6	-4
序号	25	26	27	28	29	30	31	32
测量数值	-3	+6	+8	+10	+8	+6	+6	+4
计算结果 F_r			19-（-20）=39					
结论			合格					

巩固与拓展

一、知识拓展

对照本任务知识体系图，梳理自己所掌握的知识点，并与同学相互交流、研讨齿轮检测知识点的理解。

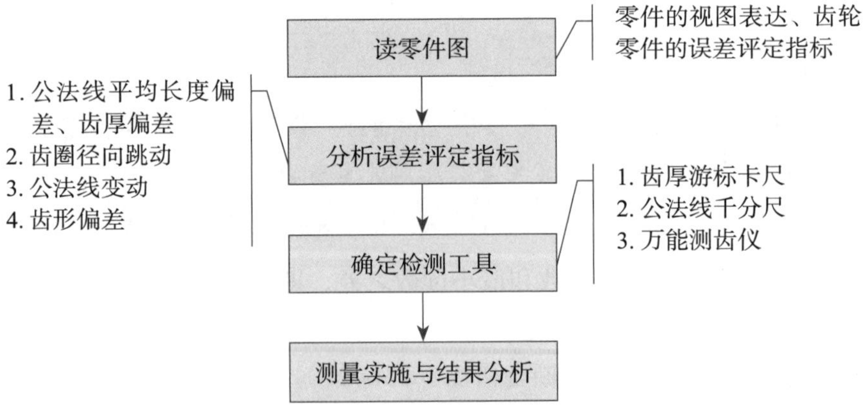

图 6–28　本任务知识体系

笔记

二、拓展任务

（1）已知某减速器中一直齿圆柱齿轮，模数 $m=3$mm，齿数 $z=32$，齿形角 $\alpha=20°$，齿宽 $b=20$mm，中心距 $a=288$mm，孔径 $D=40$mm，传递的最大功率为 5kW，转速 $n=1280$r/min，齿轮材料为 45，箱体材料为 HT200，其线膨胀系数为 $\alpha_{齿}=11.5\times10^{-6}K^{-1}$，$\alpha_{箱}=10.5\times10^{-6}K^{-1}$，齿轮和箱体的工作温度分别为 $t_{齿}=60℃$，$t_{箱}=40℃$，采用喷油方式润滑，小批量生产。

要求：① 确定齿轮的精度等级。

② 检验项目及其公差。

③ 确定有关侧隙的指标。

④ 确定齿坯公差。

⑤ 绘制齿轮零件图。

（2）选择合理的测量工具，完成本任务中的齿形偏差 f_f（0.011）、基圆齿距偏差 f_{pb}（±0.013）和螺旋线总偏差 F_β（0.015）的检测任务。

笔记

参考文献

[1] 陈于萍，高晓康. 互换性与测量技术 [M]. 北京：高等教育出版社，2005.

[2] 王颖. 公差选用与零件测量 [M]. 北京：高等教育出版社，2013.

[3] 廖念钊. 互换性与技术测量 [M]. 5版. 北京：中国计量出版社，2013.

[4] 邢闽芳，房强汉，兰利洁. 互换性与技术测量 [M]. 北京：清华大学出版社，2007.

[5] 郑建中. 互换性与测量技术 [M]. 杭州：浙江大学出版社，2004.

[6] 杨好学. 互换性与技术测量 [M]. 西安：西安电子科技大学出版社，2010.

[7] 刘丽云. 互换性与测量技术 [M]. 北京：中国计量出版社，2010.

[8] 廖念钊. 互换性与测量技术基础 [M]. 4版. 北京：中国计量出版社，2012.

[9] 孙京平，魏伟. 互换性与测量技术基础 [M]. 北京：中国电力出版社，2009.

[10] 夏家华. 互换性与技术测量基础 [M]. 北京：北京理工大学出版社，2010.

[11] 杨练根. 互换性与技术测量 [M]. 2版. 武汉：华中科技大学出版社，2012.